DK微观动物世界

聚焦微距镜头下不可思议的生物

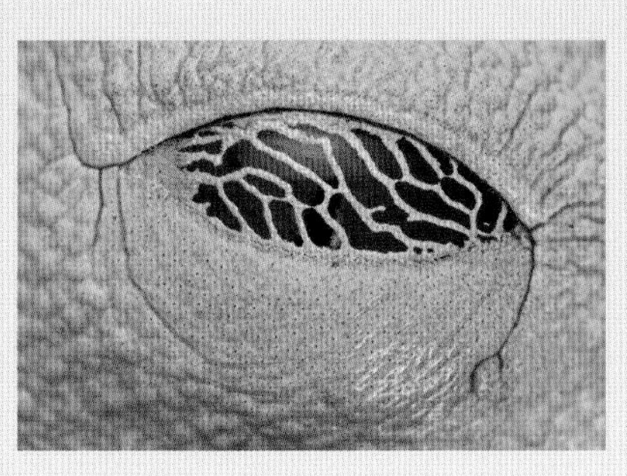
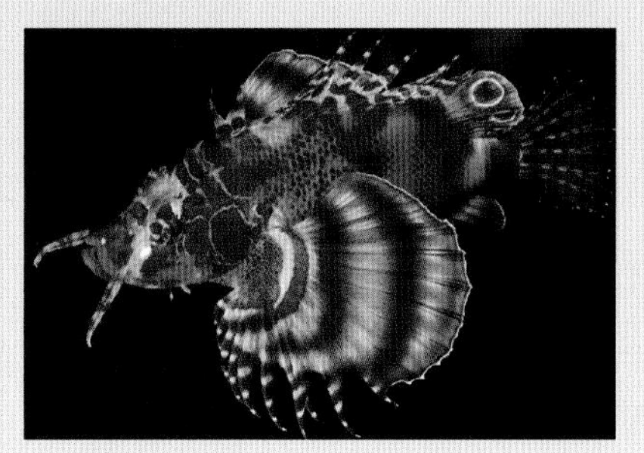
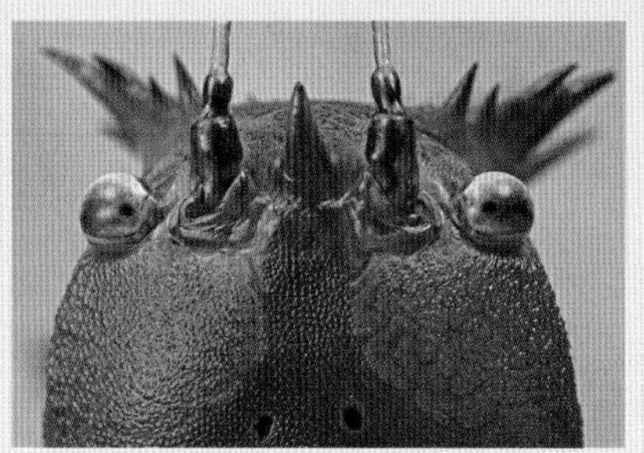

图书在版编目(CIP)数据

DK微观动物世界 / (德) 伊戈尔·希瓦诺维茨著 ; 冉浩，王红斌译. — 北京 : 科学普及出版社, 2018.6 (2022.8重印)
书名原文: animals up close
ISBN 978-7-110-09650-5

Ⅰ. ①D… Ⅱ. ①伊… ②冉… Ⅲ. ①动物—青少年读物 Ⅳ. ①Q95-49

中国版本图书馆CIP数据核字(2017)第189908号

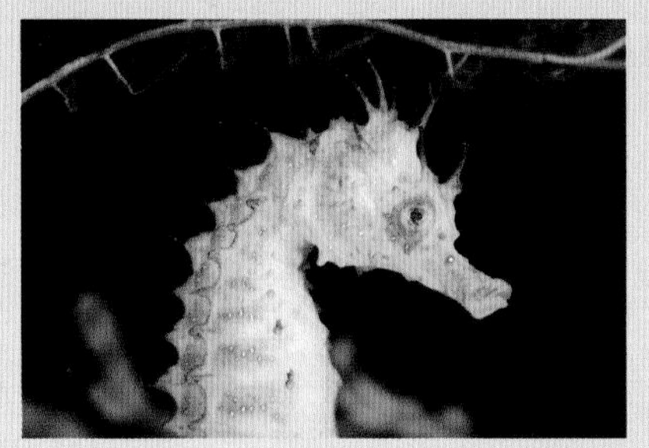
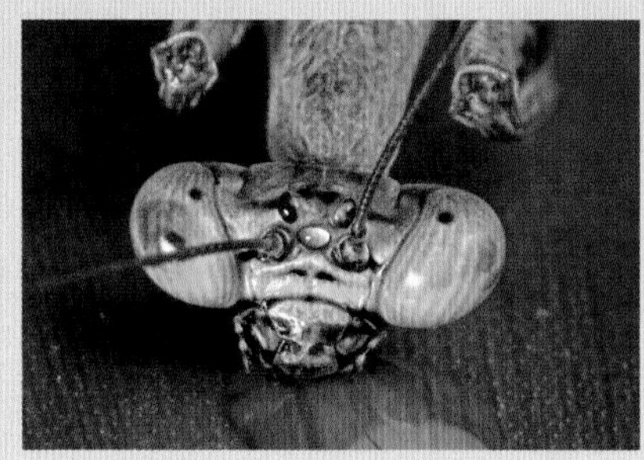

策划编辑 邓 文
责任编辑 邓 文 梁军霞
封面设计 朱 颖
责任校对 杨京华
责任印制 李晓霖

科学普及出版社出版
北京市海淀区中关村南大街16号 邮政编码： 100081
电话：010-62173865 传真：010-62173081
http://www.cspbooks.com.cn
中国科学技术出版社有限公司发行部发行
当纳利（广东）印务有限公司
*
开本：301毫米×252毫米 1/8 印张：12 字数：150千字
2018年6月第1版 2022年8月第3次印刷
ISBN 978-7-110-09650-5/Q·230
印数：10001-15000 册 定价：79.80元

For the curious
www.dk.com

DK微观动物世界

聚焦微距镜头下不可思议的生物

［德］伊戈尔·希瓦诺维茨　著

冉浩　王红斌　译

科学普及出版社

·北京·

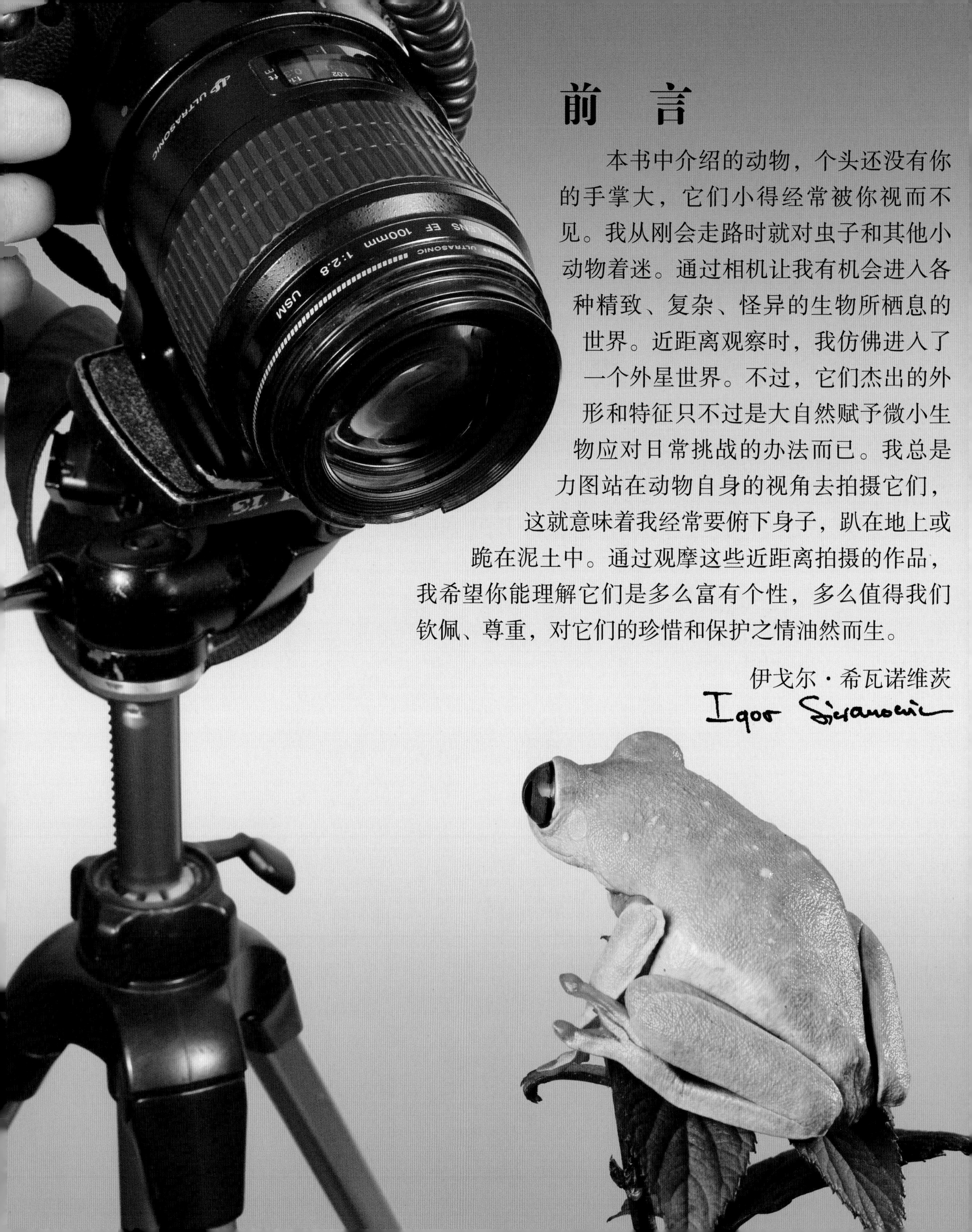

前　言

本书中介绍的动物，个头还没有你的手掌大，它们小得经常被你视而不见。我从刚会走路时就对虫子和其他小动物着迷。通过相机让我有机会进入各种精致、复杂、怪异的生物所栖息的世界。近距离观察时，我仿佛进入了一个外星世界。不过，它们杰出的外形和特征只不过是大自然赋予微小生物应对日常挑战的办法而已。我总是力图站在动物自身的视角去拍摄它们，这就意味着我经常要俯下身子，趴在地上或跪在泥土中。通过观摩这些近距离拍摄的作品，我希望你能理解它们是多么富有个性，多么值得我们钦佩、尊重，对它们的珍惜和保护之情油然而生。

伊戈尔·希瓦诺维茨

Igor Siwanowicz

目　录

6　小型生物
8　生物的形态
10　野　外

明星阵容

12　两只象甲的邂逅
14　懒洋洋的懒猴
16　臭腹腺蝗
18　热恋中的角蜥
20　海　胆
22　蝎子妈妈
24　爱捣乱的彩虹鹦鹉
26　大蚕蛾毛虫
28　白带天蚕蛾
30　青春永驻的美西钝口螈
32　长爪沙鼠
34　饥饿的蜈蚣
36　穴　鸮
38　故作姿态的螳螂
40　悬挂的狐蝠
42　幽灵竹节虫
44　害羞的海马
46　食鸟蛛
48　红眼树蛙
50　象鹰蛾
52　犀金龟
54　冠毛壁虎
56　刺　猬
58　骆驼蜘蛛
60　寄居蟹
62　年幼的草蛇
64　伏翼蝙蝠
66　刺鱼晚餐
68　壁虎的抓附
70　胡锦鸟
72　锹甲的缠斗
74　海月水母
76　螳螂的进餐时间
78　喜怒无常的高冠变色龙
80　虎　甲
82　行走的叶虫
84　丽蝇的生日
86　金头狮面狨
88　龙　虱
90　龙头螽斯
92　潜伏的狮子鱼

94　术语表

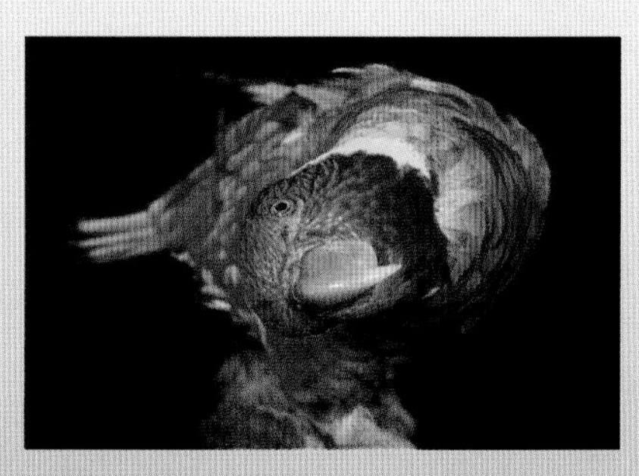

以下为本书动物“小档案”中的各种术语含义。

分布：该物种的野外分布范围，已在“小档案”的图片上标出。

受危状态：该物种受威胁的等级，数据主要来源于世界自然保护联盟（IUCN）公布的濒危物种红色名录。

学名：每个物种都拥有一个由两个词组成的拉丁语学名——第一个词是该物种的属名，代表一群亲缘关系很近的动物所组成的集合；第二个词是该物种的种名。

寿命：该物种正常个体在野外一生所能存活的时间。

体型：该物种身体某部分的平均度量长度，如体长、尾长或翼展。

小型生物

对于本书中介绍的小型动物来说，我们这个世界则是另外一番景象。对于小型青蛙和蟑螂来说，水就像糖浆一样黏稠，并且表面像蛋羹一样富有弹性。在寻找伴侣的雌鸟眼中，雄鸟的羽毛能反射人眼看不见的紫外线。毛毛虫咀嚼树叶的声音对于饥饿的蝙蝠来说，就像是开饭铃声一样响亮而又清晰。尽管有些差异，这些动物捕食、寻找庇护所和繁殖下一代的本能和我们人类的相似。需要展开想象力，我们才能理解它们的世界。

树蛙差不多达到了脊椎动物所能拥有的最小身材。

又尖又长的喙能让鸟儿吸食到筒状花深处的花蜜。

这株植物有甜甜的花蜜。花蜜中含有丰富的糖分，这能为鸟儿提供能够迅速释放的能量，以适应它们充满速度与激情的生活方式。

蜂鸟在空中悬停时，每秒钟拍打翅膀50多次，高速消耗着能量。

“小”问题

体型微小带来了一些问题。身体小让它们损失热量的相对表面积变大。就相对重量而言，小型动物消耗的能量要远高于大型动物的。某些物种，例如蜂鸟，它们的生存方式是只进食高能量的食物。还有一些物种，如海马（见第44页），采用低耗能的生活方式。表面积大也会使小型动物容易损失水分，所以它们大都会拥有一些有利于保水的生活方式。这就解释了为什么我们经常在石头下、地洞或树洞中以及其他潮湿的地方发现小型动物。

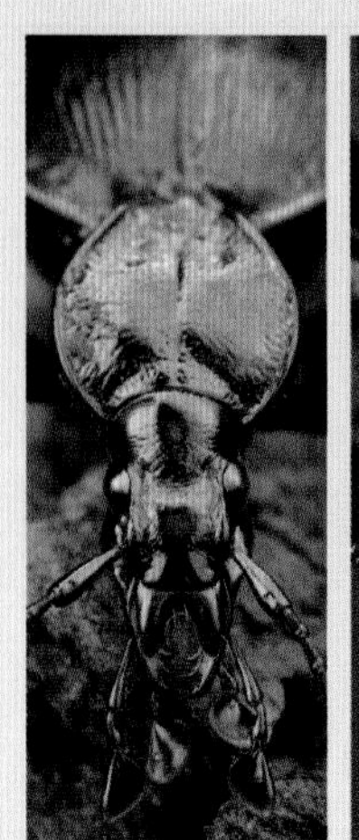
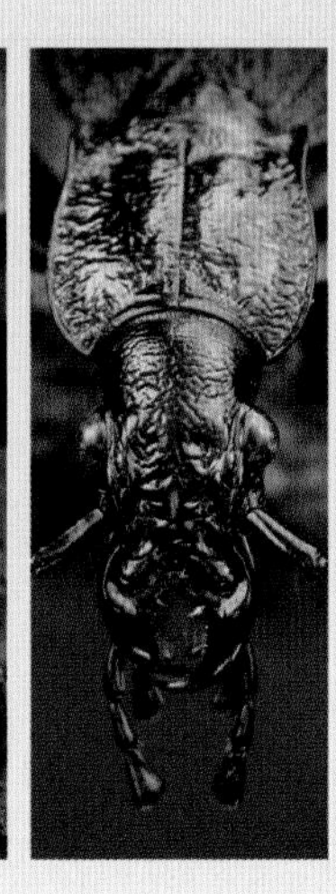

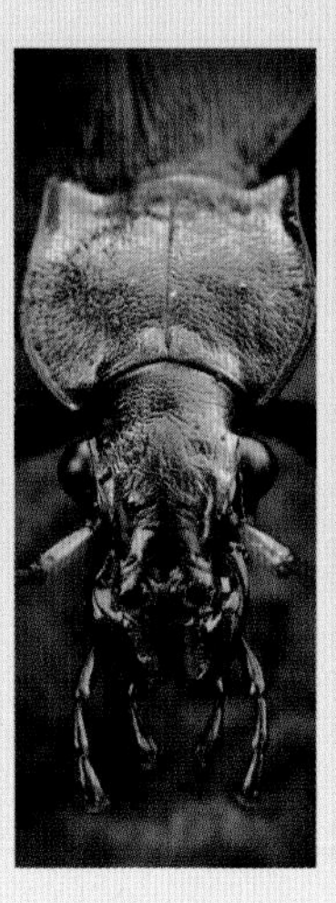
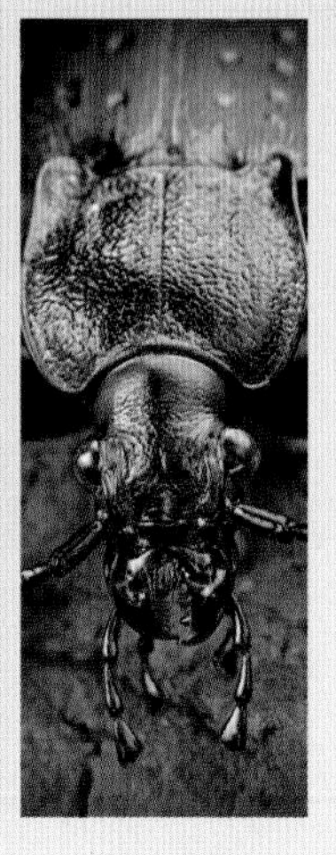

地球上生物的挑战

伟大的生物学家查尔斯·达尔文意识到，地球生物多样性是一个被他称为“自然选择”的过程塑造的结果。他指出，生物个体之间的微小差异能够产生巨大影响，使它们能够成功繁殖和传递某些特征。左图中的各种甲虫都适应了一定的栖息地和生活方式，即“生态位”。已知的约35万种甲虫约占所有已知生物物种的四分之一。

天生会藏

小型动物很容易成为捕食对象。但是，它们大部分都进化出了某种防御策略。有些是伪装大师，例如这条鳚鱼；有些有毒；还有些通过模仿警告色假装有毒。有些物种纯粹依靠数量庞大来获得生存优势：通过大量繁殖后代，来保证至少有一部分后代能够生存下来。

吃还是被吃

小并不一定就要任人宰割，有许多小动物，例如上图这只绿跳蛛，就是凶猛的捕食者。小型动物捕捉猎物的方式有追逐、伏击（等待）或设置精巧的陷阱，如丝网。它们那微小但致命的武器具有刺杀、切割、捣碎、注射毒液和其他技能。

鼠妇身上的盔甲是由复合物质“几丁质”构成的。

好坏参半

本书所介绍的许多动物精巧的身体设计在身材微小时效果奇佳，但这也限制了这些物种的体型。像左图这种陆生甲壳动物体长极少能超过3厘米。盔甲的重量就是一个限制因素——身披盔甲的大型无脊椎动物，如巨螯蟹，只生活在海洋中。在那里，水的浮力有助于它们支撑身体。无法有效传递氧气至身体细胞的循环系统也是这些动物体型受限的另一个原因。但是，在如此受限的体型之下，这些微型动物表现出的多样性可以说是蔚为壮观。

生物的形态

动物是多细胞生物，它们的生存依靠取食植物或其他动物。它们能感知周围的环境，并以移动的方式做出回应。自从5亿年前地球上出现动物以来，它们进化出了多种多样的形态。

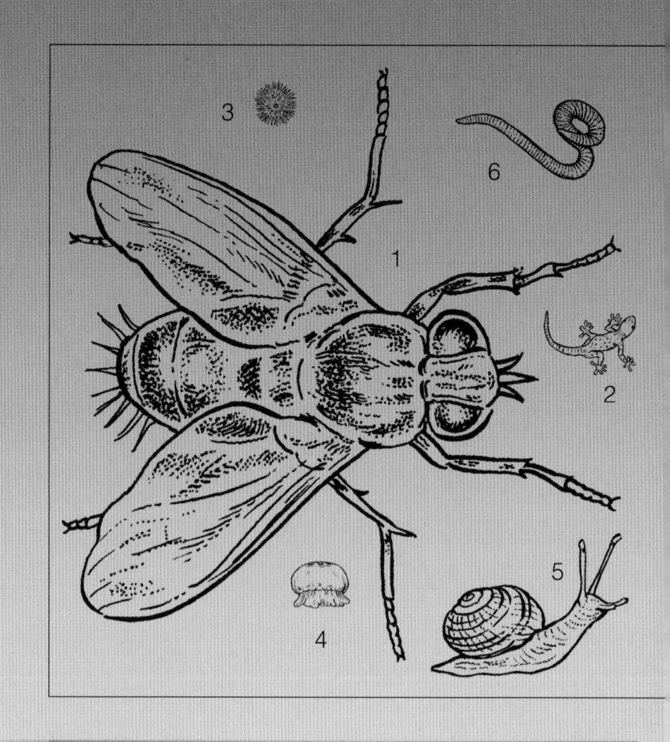

无脊椎动物

无脊椎动物没有脊椎。它们属于大约30个不同的门，每一个门的动物都有与众不同的特征。以下将为大家介绍5个最大、最出名的门。

（译者注：按照生物分类学，地球上的生物被从大类到小类设置了域、界、门、纲、目、科、属、种等类别，层层细分。门是比较大的类别。）

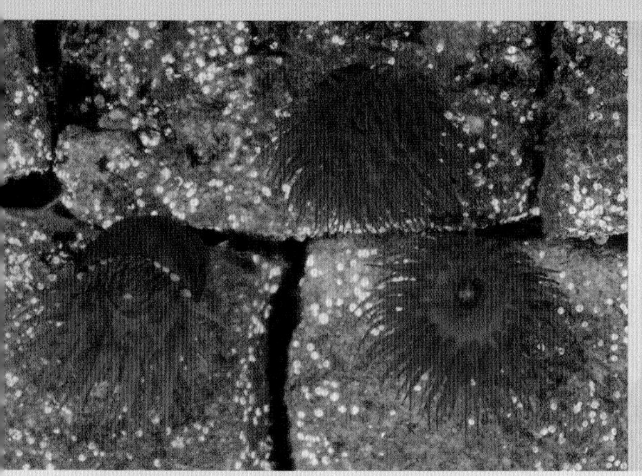

刺胞动物门

这些构造简单的动物包括珊瑚虫、水母和海葵（见上图）。它们都装备有带刺的细胞，即刺细胞。已知的9000多种刺胞动物绝大部分生活在海水中，一小部分生活在淡水中。

环节动物门

这类重要的动物拥有1.5万个物种，包括我们熟知的蚯蚓（见上图）和许多海生物种，如管虫、沙蚕和帚虫。环节动物的身体是由许多相同的部分构成的。

软体动物门

这一庞大的动物类群拥有9万多个物种，包括鼻涕虫、蜗牛（见上图）、蚌和最大的现生无脊椎动物——巨型乌贼。软体动物拥有柔软、多肉的身体，常被保护在一个或多个壳中。陆地、淡水和海洋中都有它们的身影。

棘皮动物门

“棘皮动物”一词意味着它们拥有“带刺”的皮。这一类动物大约有5000个物种，包括海星、海胆和海蛇尾（见上图）。它们生活在海里。在有些地方，它们的数量比其他物种要多很多。

节肢动物门

这是地球上数量最庞大、种类最多的无脊椎动物，已知有120多万个物种，占所有已知动物物种的4/5以上。“节肢”一词意思是“带有关节的腿”。它们的成年个体的腿和其他附肢都生长在一副相连的盔甲（外骨骼）之上。其中最大的一类是昆虫（见上中图），其后是蛛形纲动物（蝎子、蜘蛛，见上右图）、甲壳纲动物（蟹、虾和土鳖）和多足纲动物（蜈蚣和千足虫）。

多样性与数量

左图中动物的大小反映了每一门中动物物种的数量。巨大的苍蝇代表节肢动物令人惊异的多样性，大约有120万种，或许还有数百万种有待发现。地球上可能有多达1000万个动物物种。另外还有约23个其他门的动物，它们是我们并不很熟悉的物种，也不是我们这本书的主角。

1.节肢动物
2.脊索动物
3.棘皮动物
4.刺胞动物
5.软体动物
6.环节动物

脊索动物

脊索动物是动物界中非常庞大和非常重要的一门。脊索动物在生命的某一阶段是由一根坚硬的杆，即脊索来支撑的。大部分脊索动物也是脊椎动物。脊椎动物的脊索在发育的早期阶段即被由多个脊椎骨组成的脊椎取代。诸多脊椎骨连接在一起，为身体提供支撑和灵活性，包裹并保护着身体主要的神经索。

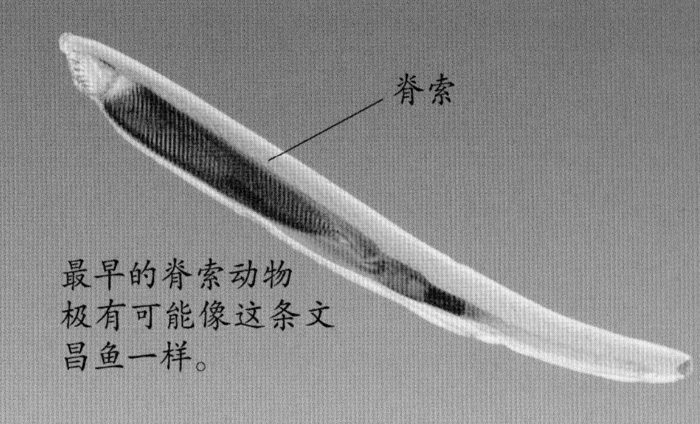

最早的脊索动物极有可能像这条文昌鱼一样。

力量和精确

拥有以坚硬脊椎为中心的内骨骼不但为脊椎动物的身体提供了支撑，骨骼也让肌肉有了附着之处。在大脑的控制之下，骨骼和肌肉让脊椎动物能够完成既需要力量，又需要极高的精确性和协调性的动作。

脊椎也被称为脊梁骨或脊柱。

巨蜥的内骨骼

脊椎动物

所有的脊椎动物身体前端都具有头部。它们与大多数无脊椎动物的区别是拥有包括头盖骨在内的内骨骼。骨骼由软骨和硬骨组成。脊椎动物的身体是两侧对称的（两边具有相同的结构），肢体和肌群成对地分布在脊椎骨的两侧。

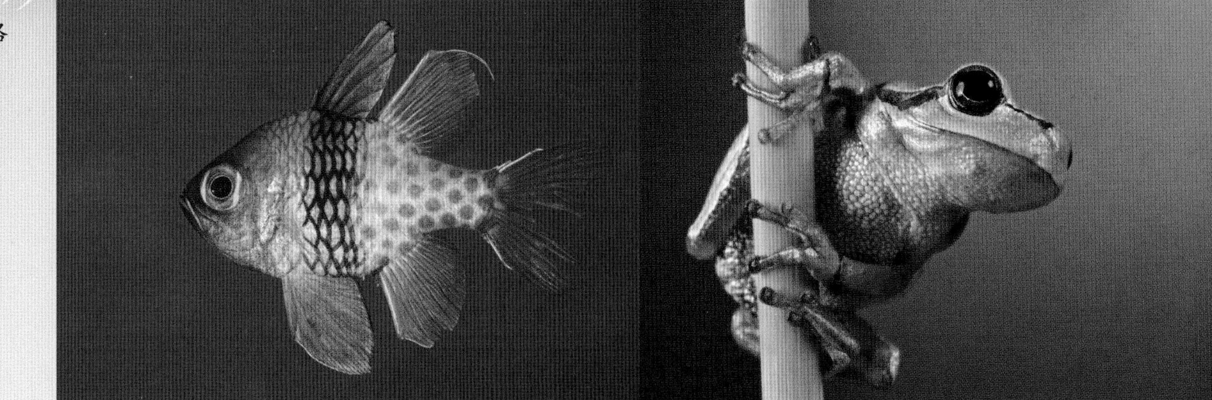
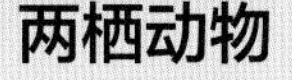

鱼类

最早的脊椎动物是鱼类。它们有数个纲，其中有一个纲里包含着所有脊椎动物的祖先，统称为四足动物。鱼类生活在水里，用鳃呼吸。它们大部分产卵，但也有一些会直接产下幼体。

两栖动物

两栖动物幼体是水生的蝌蚪，最终会变成能呼吸空气的成体。大部分成体拥有四条腿，它们都要回到水中去繁殖。它们包括青蛙（见上图）、蟾蜍、鲵和蝾螈。

爬行动物

爬行动物呼吸空气，皮肤覆盖着不透水的坚硬鳞片。它们产卵或直接生产幼体，能在陆地上生活和繁殖。现生爬行动物是冷血动物，它们不能保持体温恒定，其体温随外界气温的变化而变化。

鸟类

鸟类是直接从爬行动物演化而来的。它们有羽毛，属于温血动物（能保持体温）。它们的前肢已经演变成了翅膀，通过拍打翅膀飞行，不过也有些鸟类已经失去了这种能力。鸟类都是卵生的。

哺乳动物

哺乳动物是温血动物，呼吸空气，通常身上有毛覆盖。雌性依靠乳腺分泌的乳汁哺育后代。哺乳动物包括啮齿目动物（褐家鼠和小家鼠，见上图）、鲸目动物（鲸和海豚）和灵长目动物（猴子、猿和人类）。

野　外

目的地：印度尼西亚　西巴布亚

了解生物多样性的最佳地点是野外。说到拍摄小型动物，拥有一个专门的工作室还是很有用的。我可以在那里关注构图、光线和形式，不用为其他事分心。在我家的工作室中，我可以随心所欲地拍摄每张照片，把一切布置成我想要的样子。然而，在自然环境中拍摄我热爱的动物则是一种完全不同的挑战：我需要到世界的另一端。我带上拍摄设备和在丛林中创建移动工作室所需要的一切东西，然后就朝印度尼西亚一个偏僻的地方——西巴布亚出发了。

通向天堂的护照

我在西巴布亚的新几内亚岛上待了三周。这是地球上开发非常少的地区之一。到那里并非易事。大山和丛林等天然屏障使那里的人们难得见到外来者。这里的栖息地是世界上非常原始的生境之一，是动物学家的天堂。

是敌是友?

我在西巴布亚的第一天就遇到了这个一脸凶相的达尼武士。我可不敢招惹他，不敢拿着相机拍摄他的脸。但我的担心是多余的。这里的人和其他我遇到的人一样热情、友好。而且，他们蛮喜欢上镜的。

自愿帮忙的人

要是没有当地孩子们的帮忙，我肯定找不到所有想见到的让人惊叹的昆虫。凭借着一些草图和一些简单的当地语言，我告诉孩子们我正在找哪些物种。他们很快就意识到这是一个挣糖果的好机会。

我的野外工作室

我经过精心挑选，在一个偏远的地方搭建起一个简单的工作室。如大家所见，我从来不缺助手，扶着照相机的那位就是。这地方几乎每隔五分钟就要下一次雨，一旦照相机湿了可就麻烦了。

用来抓住树枝和叶子的“第三只手”

用来清理镜头灰尘的橡胶气吹

近摄接圈

快门遥控器

闪光灯和照相机的电池

移动硬盘

工具袋

我带着两台相机和两个有固定焦距的镜头，一个是24毫米的，另一个是100毫米的。我还有一套近摄接圈和一个快门遥控器。我有两个闪光枪，带有散射装置来柔化光线。我有两个三脚架，一个用来放照相机，另一个用来悬挂背景。最后，我还带上了大约两千克电池，20G的存储卡和40G的移动硬盘。

丛林的挑战

在丛林里进行摄影是一项棘手的任务。同一场景从不同角度看是非常不同的，移动又很不方便。滑倒或被绊倒则可能会弄得一身脏。更糟的话，有可能让你把珍贵的摄影设备摔到泥里。

潮湿让你很难保持摄影设备干燥。拍摄动物时，最困难的事情是找到它们。

两只象甲的邂逅

象甲（象鼻虫）属于甲虫家族，它们有着独特的长喙，很容易识别。全世界有6万多种象甲，几乎全部都是植食动物——每种象甲都以特定的植物为食。许多象甲是害虫，它们危害庄稼和树木。这张图片中的两只象甲生活在同样的环境中——但因为取食不同的植物为食，它们在栖息地上没有重叠。

象甲的头颈部有一个“球窝”关节，可以将头从一边转向另一边，因此它的视野很广阔。

在象甲长喙的末端有微小的颌，用来进食。雌象甲也用长喙在植物的种子、叶片、根或茎上钻孔，然后它就会小心地将卵产在这些小孔里。当幼虫孵化出来之后，它们就可以自己取食了。

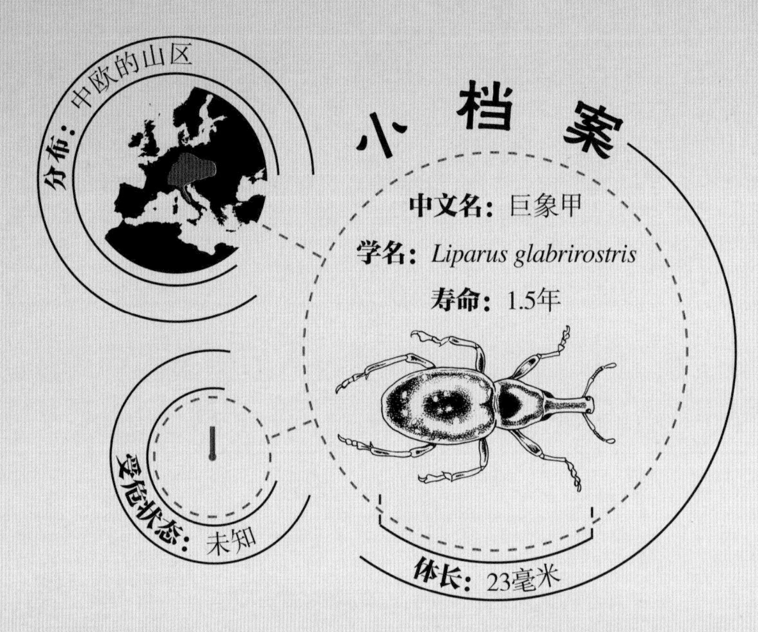

大型象甲

这只巨象甲（*Liparus glabrirostris*）是欧洲体型最大的象甲，体长可达23毫米。它生活在山区，比如阿尔卑斯山，图片中的这只就是我在那里找到的。它的主要食物是蜂斗菜和款冬。

和其他昆虫一样，象甲拥有复眼。这种眼睛对运动的物体特别敏感，而飞速运动的物体往往意味着危险——比如扑过来的捕食者。

象甲的触角是通过关节相连的，可以折叠起来，藏入长喙两侧特殊的沟槽中，起到保护作用。

这只象甲是出色的伪装大师，它那斑驳的棕色身体与棕褐色的树皮完美地融合在一起，让天敌难以发现。

小型象甲

这只体型较小的象甲叫作松树木蠹象（*Pissodes pini*），体长仅6~8毫米。它主要危害松树林。雌性木蠹象用长喙在木头上钻孔，然后将卵产在小孔中。当幼虫孵化出来之后，它们就会向木材深处逐步进发，开凿出一条条微小的孔道。

寄生虫和农民

雌象甲将卵产在宿主植物的内部。孵化出来的幼虫便会从植物内部开始吞食，越长越大，直到化蛹，并最终羽化为成虫。成年象甲从植物内部钻出。有时候，过多的象甲会让宿主植物死亡，这些象甲不得不搬到另外的植物中去。有些象甲会在宿主植物内部“种植”真菌。象甲在植物内部开拓出特殊的小室，而真菌就在这里开始生长蔓延，将植物组织分解，变成柔软、富有营养的菌丝，这就是象甲最美味的食物。然而，有些真菌对宿主植物来说是致命的。

象甲身披闪亮的黑色外骨骼，这层铠甲十分坚硬，能保护象甲免受某些天敌的伤害——比如其他甲虫、鸟类或蜥蜴。但是，象甲依然会成为体型更大的天敌的盘中餐，比如狐狸或猫头鹰，它们会轻松地将象甲当成酥脆的小点心吃掉。

这只象甲身上黄色的斑点，是由粗短鳞片构成的，这些鳞片的外形酷似毛发。

有些种类的象甲在进化过程中，渐渐丧失了飞行功能。它的鞘翅（前翅）与背部已经结合为一个整体。

象甲的后腿上长满锋利的棘刺，有助于它牢牢地抓握在植物的茎干或叶片上。

懒洋洋的懒猴

懒猴是一种小型灵长类动物，它的英文名字“loris”来源于荷兰探险家，在荷兰语中的意思是“小丑”。它那溜圆的大眼睛以及在树枝上荡来荡去的滑稽姿势，都很像马戏团的小丑。懒猴大得出奇的眼睛视力极佳，尤其是在漆黑的夜里。但为了让眼睛聚焦得更清晰，它会前后移动脑袋。当懒猴看见什么让它迷惑不解的东西（比如一台照相机）时，它会时而停顿，时而轻轻摇晃脑袋，竭力看得更清楚。这样的动作看起来既滑稽又可爱。

懒猴的眼睛占据了头骨的很大一部分空间，大大的瞳孔让尽可能多的光线进入眼睛，因此懒猴在昏暗的环境中依然能够看清。眼睛的后方是视网膜，上面有一层感光细胞，能够探测到光线。懒猴的视网膜后方还有一层反射膜，可以将光线再次反射——几乎所有的光线都能汇聚到视网膜上。许多夜行动物的眼睛在黑暗中闪闪发光，正是反射膜所起的作用。

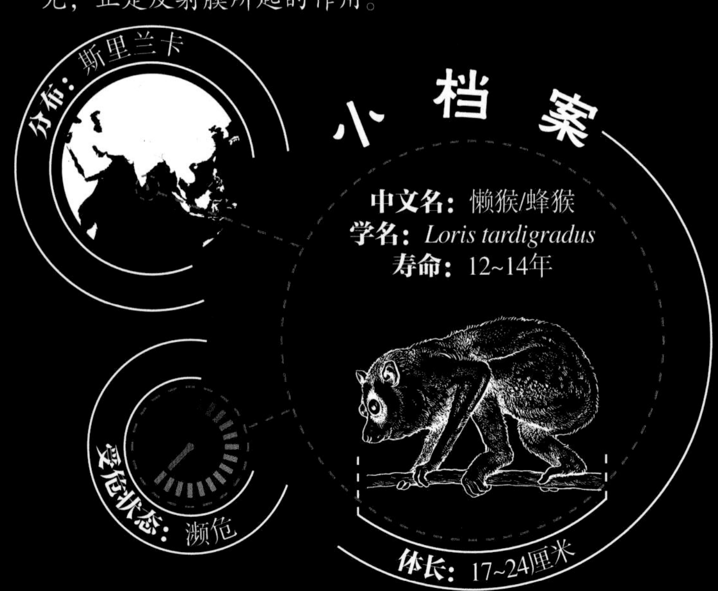

粉红色的鼻子湿乎乎的，就像狗的鼻子一样。鼻子湿润的动物嗅觉都十分灵敏，比鼻子干燥的物种（比如人类）要敏锐得多。

懒猴的牙齿非常适合它多样化的饮食习惯。懒猴吃水果、昆虫、鸟蛋和树胶等各种各样的食物，它的下颌的牙齿呈一个角度突出，能从树干中刮食树胶，也可以用来梳理毛发、去除污垢。

远房亲戚

懒猴是灵长类动物，与我们人类一样，但它们位于灵长类系谱树上比较远的分支上。懒猴属于原猴亚目，这一类灵长类动物比较原始，其中还包括婴猴和眼镜猴。原猴亚目都是夜行动物，一生都在树上度过。它们尽量避免和真正的猴类竞争，这些真正的猴类在白天活动。

懒猴用第二根趾上特殊的爪来清理耳朵。这根专门用于清理身体的爪子又长又尖，而其他的爪子则又短又平，就像我们人类的手指甲和脚趾甲一样。

懒猴的毛浓密、纤细。只要状态良好，这层外套就能防水。所以，懒猴要花大量时间梳理。

牢牢抓住

懒猴的爪子很适合攀爬，拇指和大脚趾硕大，让它们能牢牢握住东西。但懒猴的手指没有猴子和猿那么灵活。与其他灵长类动物不同的是，懒猴没有用来保持平衡的尾巴，所以它们攀爬的时候非常小心，经常暂停。正像它们的英文名字（译者注：英文名字为Slender loris，其中slender意为“苗条的”）所反映的那样，它们的胳膊和腿又长又细，甚至比铅笔还细。

臭腹腺蝗

它们的大小不及我的拇指，但是在非洲的许多农产区，这种彩色的昆虫是头号敌人。蝗虫之所以成为灾害是因为它们庞大的数量。一群蝗虫在片刻之间就能毁掉一片庄稼。然而，蝗虫也并非为所欲为——在尼日利亚和喀麦隆的一些地方，人们捕捉成千上万的蝗虫，然后烹饪并吃掉它们。当然，它们的味道因所食用的植物不同而有所不同。

小档案

分布：撒哈拉以南的非洲

中文名：臭腹腺蝗

学名：*Zonocerus variegatus*

寿命：大约1年

濒危状态：害虫/未受威胁

体长：35~55毫米

警告色

臭腹腺蝗的成虫身体柔弱，且飞行缓慢，所以很容易成为捕食者的目标。不过，许多动物都不敢吃它们。它们夺目的颜色是一个警告：它们能分泌恶臭甚至有毒的物质。除了那些以有毒植物为食的蝗虫以外，其他蝗虫的味道并不坏。但是，那些尝到过苦头的捕食者还是会把曾经恶心的感觉与蝗虫的颜色联系在一起。所以，味道并不坏的蝗虫因此躲过了被猎杀。

蝗灾

每隔10～20年，非洲和亚洲的一些地方就会遭受蝗灾。最近的一次蝗灾发生在2004年。当时，成群的蝗虫给西非的数个国家造成了全国性灾难。一只蝗虫每天能吃掉相当于自己体重的食物，虽然只有约区区2克的食物，但由数百万只蝗虫组成的蝗群却可以在几个小时之内使一大片庄稼消失殆尽。

蝗虫的视力非常好。但是，它们眼中的世界与我们所看到的不同。它们看到的是复眼中千百个晶状体形成的马赛克形象。复眼对运动的影像尤其敏感。蝗虫差不多能从任何角度感觉到危险来袭。

毒招

有毒和恶臭的化学物质从臭腹腺蝗的内脏中汇集到一起，储藏在它们腹部的一个腺体中。受到攻击时，腺体就会释放里面的东西，给予捕食者恶心一击，让它们永生难忘。

热恋中的角蜥

角蜥身体较圆，头较宽阔，常被误称为“角蟾”。这些迷人的爬行动物一直是我非常喜爱的动物之一。它们不仅像是有盔甲的微型恐龙，而且已经适应了沙漠生活，并且拥有一套非常独特的自卫方法。

连环防身术

虽然角蜥短粗、带鳞片的身体使它们活动不便，但这种小型爬行动物已经进化出了相当出色的生存手段来抵抗各种天敌，如鹰和郊狼。它们身上的保护色可以提供伪装；当受到威胁时，它们会鼓起带刺的身体，装出一副非常强大的样子，它还可以将身体的一半埋入沙土中，让捕食者难以抓住；最后一个奇招是它们能冲破眼睛周围的小血管，向袭击者喷射出难闻的血液，最远距离可达一米。

水，水！

这种蜥蜴的皮肤上布满了小沟槽，能把体表的水都导向口中。这就意味着当它们爬过聚集着露珠的岩石和沙土时，都可以获得水分。下雨时，角蜥抬起尾巴和背上的鳞片，形成水槽，将水引向头部的嘴里。

角蜥的眼睛上有角质的眉突，保护眼睛不受强光的危害，还有厚厚的眼皮来抵挡愤怒的蚂蚁的进攻。

求偶

春季，角蜥在交配之前有一个短暂的求偶期。雌角蜥在自己建的洞穴中产下大约12枚卵，卵独自孵化。

角蜥经常埋在沙子里，只把头部露在外面进行日光浴。钉子样的角掩护了头部的轮廓。它们特殊的血管布局能够把热量从头部带到全身。

角蜥的舌头表面是黏乎乎的，角蜥用它一下子就能卷起一大口昆虫，尤其是蚂蚁。

小 档 案

分布：美国南部，墨西哥北部

中文名：沙漠角蜥

学名：*Phrynosoma platyrhinos*

寿命：8年

受危状态：低危

体长：13~14厘米

海 胆

在海边捡到海胆的骨骼是非常美妙的经历。海胆的骨骼上布满了美丽的纹路，由呈辐射对称的小圆点（刺附着的地方）、孔洞（管足所在的小孔）和之字形分布的裂缝（骨骼壳板间的结合处）排列而成。活体海胆也同样可爱。它们还出奇的活跃，彩色的针刺一个个竖起，管足在水中轻轻摇摆。

要是我有脑子……

海胆和它们的亲戚（包括海星和海参）没有大脑。它们依靠从口附近的一个环形神经索向外辐射分布的五条或更多的神经索来完成生存所需要的活动。

海胆有成百上千个依靠液压操作的管足。每个管足末端都有一个小吸盘。海胆的管足用于爬行、收集食物、伪装、依附在海床之上、感知环境变化和摄取水中的氧气等。

每根刺都由球窝接头连接，这使得它们能伸长、收缩和旋转，以便于提供最大程度的保护和帮助海胆挤进岩石缝隙。

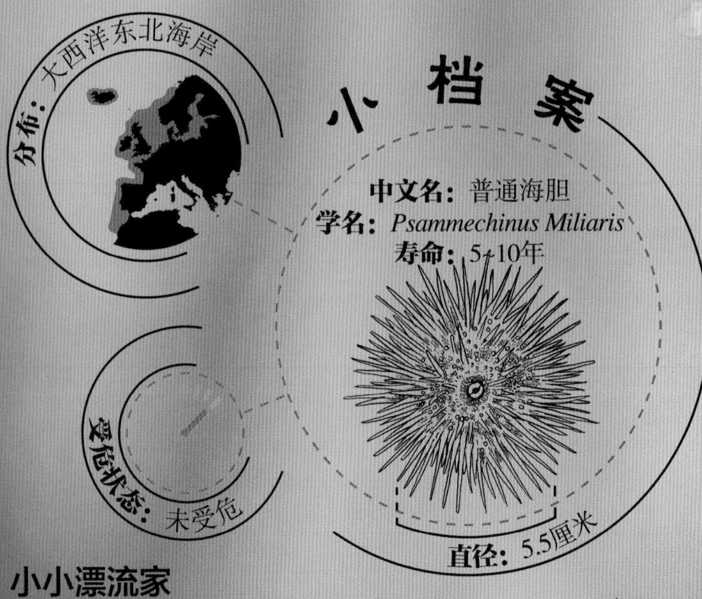

海胆的口在身体下方。口中有五个白垩质的牙，能够一点点蚕食食物，包括海藻和动物的残余物。这里能看到两颗牙的末端。

小小漂流家

像很多移动相对较慢、生活在海底的动物一样，海胆的幼体是随水漂流的。海胆幼体大约2毫米长，但是它们能在洋流中漂移数百千米。这能让海胆的后代分布到很远很远的地方。

海胆可不是毫无抵抗能力的。它们的刺之间分布着许多叉棘。叉棘位于可移动的柱杆上，末端具有三个分叉。海胆用它们来移走包裹在身上的海藻和其他不速之客。有些叉棘也能进行蜇刺。

蝎子妈妈

蝎子是蛛形纲动物中的一个古老类群，已经存在4亿多年了。它们与蜘蛛是近亲，它们的毒液往往让人不寒而栗。实际上，大部分蝎子非常胆小，极少使用它们的毒针。这种蝎子原产于地中海地区，生活在干燥的树林中、石头下、原木或成堆的树皮中。我就在那样的地方找到了一只尽职尽责的蝎子妈妈。小宝宝们都挤在它的背上。

尾部的毒刺是由一对鼓起的毒腺和一个皮下注射器一样的毒针构成的。毒针能注射毒液。

尾部的毒刺

蝎子毒刺的毒液中含有特殊的小分子蛋白质，它能破坏受攻击者正常的神经系统，使之麻痹，通常都能一击毙命，对抗蜘蛛和昆虫尤其有效。就人类而言，虽然蝎子的毒液能让一些人有严重的过敏反应，但对其他人来说，就和蚊子叮一下没太大区别。只有极少数种类的蝎子对人类是致命的。蝎子只有在进行防御和大螯无法制服猎物的情况下，才使用毒液。

都上来

与雌蜘蛛产卵不同，雌蝎在与雄蝎进行完一个复杂的交配仪式之后，会直接生产幼蝎。为了安全，雌蝎会把它的宝宝们背在背上，直到幼蝎第一次蜕皮（脱掉它们的外骨骼）。新的外骨骼要坚硬一些，这时的幼蝎不再像之前那样柔弱。雄蝎一点儿都不照顾它的后代。

闪闪发光

蝎子的盔甲中含有一种荧光蛋白，能在黑暗中发出微弱的光，在紫外线灯光下还能反射出明亮的光。大部分蝎子都是夜行动物，所以荧光蛋白的作用有可能是为了让它们能够看见彼此。

幼蝎的颜色比它们父母的浅。每次蜕皮之后的新外骨骼比之前的要坚硬一些，颜色也更深一些。它们便能逐渐强壮起来。

幼蝎需要进行7次蜕皮才能达到成熟。

蝎子的口器更像是小爪子，被称作“螯肢”，用来撕碎食物。食物碎片被口中分泌的作用强大的消化液分解后，蝎子直接吞下营养丰富的汤汁，根本不需咀嚼。
蝎子的身体上布满了具有感知功能的纤毛，它们能感知在猎物走动和挖掘时造成的地面的震动。
大螯越小、越细的蝎子，毒性越强。
小档案
中文名：西坎尼真蝎
学名：Euscorpius sicanus
寿命：3~4年
体长：2~3厘米
分布：地中海地区
受危状态：未知
蝎子用它们强有力的大螯来捉住并固定猎物，有时也用它们对食物进行初级分解。

爱捣乱的彩虹鹦鹉

彩虹鹦鹉是澳大利亚、印度尼西亚和南太平洋地区常见的鸟类。鲜艳的颜色和外向的性格使它们成为人们喜爱的宠物，它们表演的杂技和小丑般搞怪的动作让它们颇受游客的欢迎。不幸的是，它们的进食和排泄习惯让它们成了果农的灾难。

鲜艳的颜色

彩虹鹦鹉鲜艳的羽色只是由四种色素生成的：叶黄素（黄色）、虾青素（红色）、褐黑素（棕色）和真黑素（黑）。头和颈部光彩夺目的蓝色并不是由色素形成的，而是结构色——羽毛上微小的倒钩所形成的排列结构能够吸收光线中的红波，只反射蓝色，最终呈现出宝石般的莹光蓝色。

和其他鹦鹉一样，彩虹鹦鹉也非常聪明。就鸟类来说，鹦鹉的大脑容量大得出奇。实际上，以相对身体的大小而言，它们差不多和灵长类动物的大脑一样大。

进食习惯

彩虹鹦鹉锋利的喙是用来啄开种子的，也可以用来自卫。鸟类没有牙齿，所以固体食物要在消化系统中一个肌肉发达的部分——砂囊中磨碎。彩虹鹦鹉有时会吞下一些砂砾来加速研磨进程。彩虹鹦鹉的舌头看起来像一把刷子，上面布满了微小的刚毛，帮助获取一些液体食物，如花蜜、树液和果汁。它的学名中的"*Trichoglossus*"一词意思就是"带毛的舌头"。

大部分鹦鹉的视力都极佳。彩虹鹦鹉也不例外。全色视觉让它们从远处就能看到成熟的果实和其他鸟儿。

果实盛宴

彩虹鹦鹉非常爱吃水果。它们也吃种子和坚果。它们能用强有力的喙撬开这些坚硬的食物。不幸的是，果实常常在成熟和收获之前就被它们破坏掉了。它们也吃嫩芽，这又会毁掉另外一些树。不吃的那些也常常被它们四处泼洒的粪便破坏掉了。

安能辨我是雌雄?

与第70页的胡锦鸟（雌雄差别很大）不同，仅凭外观你是很难区别雌雄彩虹鹦鹉的。只有它们自己知道。

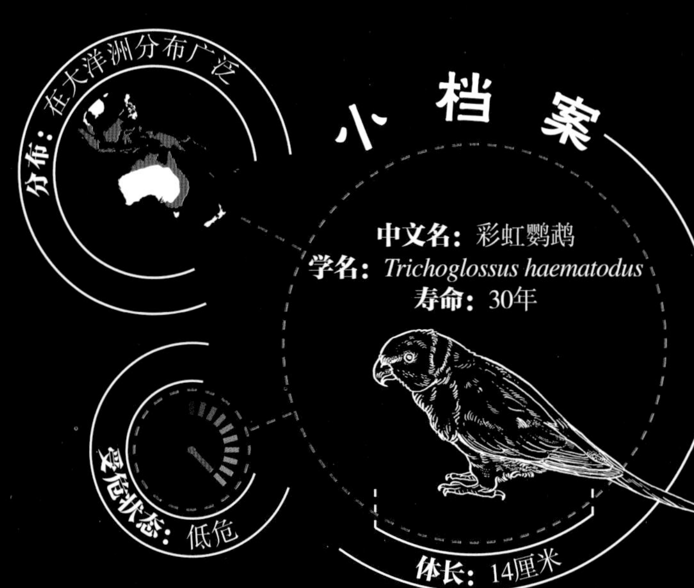

大蚕蛾毛虫

大蚕蛾科包括一些现存的最大的蛾。北美物种白带天蚕蛾的翼展可以达到12厘米。它们的可怕的毛虫能长到食指那么大，外型让人恐惧。成熟毛虫身上那些古怪的突起和尖刺可不只是装饰，怪异的外表和鲜艳的颜色就是一种警告——我有毒。

小档案

分布：美国南部和中美洲

中文名：白带天蚕蛾

学名：*Eupackardia calleta*

幼虫的寿命：约5周

受危状态：未受危

体长：10厘米

生命循环

刚从卵中孵出时，幼虫是微小的黑虫子，但它们长得非常迅速。它们会蜕五次皮，每次都会变得愈加鲜亮。之后，它们进入最后一个阶段——蛹化。成年蛾子从不进食，完全依靠在毛虫阶段储存的脂肪为生。蛾子破蛹而出一周左右便死去，它们存活的时间只够交配、产卵。然后，下一批毛虫就出现了。

毛虫的全部生活就是吃。能够迅速消灭叶子的颚肌差不多占据了整个脑袋。微小的大脑几乎不占什么地方。

它们的头下方每侧有六个隐约可见的单眼。它们或许能感知明暗，但不能分辨颜色和形状。

抬腿

毛虫有两类足——真足和腹足。毛虫身体前侧微小的真足未来将会变成成年蛾子的腿。现在，毛虫用它们来抓握食物。毛虫身体后侧的腹足帮助它们移动，但在变态为蛾子后便消失了。

纺织工

毛虫在五次脱皮之后，它们便从尾部的腺体开始抽丝。它们编织一个茧将全身罩住，在茧里化蛹，然后再变态成为蛾（见下页）。蚕茧被收集起来，纺成丝绸。

化蛹

我们很难了解大蚕蛾的茧的内部到底发生了什么。其他的一些蝴蝶和蛾只是为了在化蛹的过程中用丝固定自己，而不是做茧。上图展示了一只燕尾蝶毛虫（鲜艳的颜色表明它有毒）依附在一根茎上，然后变成了蛹。

白带天蚕蛾

一天早上，我在保存蛾蛹的孵化场发现了这个让人大吃一惊的生物。它之所以让人惊奇是因为这只毛虫（上页图中所示）是在三个月前才结茧的，而这个物种做蛹的时间通常是两年或更长时间。这只雄蛾正等着翅膀变硬。它的造型在我眼中仿佛是一位神秘的动作英雄，戴着邪恶的黑色面具，披着天鹅绒似的黑斗篷。

这些巨大的触须上布满了极小的化学感知器——嗅感器。它们具有很高的敏感度，能探测到做好交配准备的雌蛾所释放的特殊气味（信息素）的单个分子。利用这种超级探测器，雄蛾能追踪到数千米之外的雌蛾。

乍看起来，白带天蚕蛾翅膀表面是全黑的。细看就会发现上面装饰着斑点、弧形和花边样的精致纹理，有紫色、淡紫色和棕色等各种颜色。

超强飞行

白带天蚕蛾是世界上非常大的昆虫物种之一。它们的近亲，乌桕大蚕蛾，拥有昆虫中最大的翅膀，单只翅膀就有人手掌那么大。不足为奇的是，蚕蛾是飞行高手，为寻找交配机会，一晚能飞行数千米。

它们在还是毛虫的时候，只顾着吃东西。成熟之后，它们就完全不吃东西了。在它们是蛹的时候，它们的口器就退化了，现在它们要完全依靠积蓄的脂肪来度过10天的成熟期。

昆虫主要依靠嗅觉活动，它们的视力居于次要地位。然而，蛾会对强光做出反应。白天时，它们躲避强光，以此来躲避拥有良好视力的捕食者。但是在晚上，它们常会偏离既定路线，而朝光源飞去。

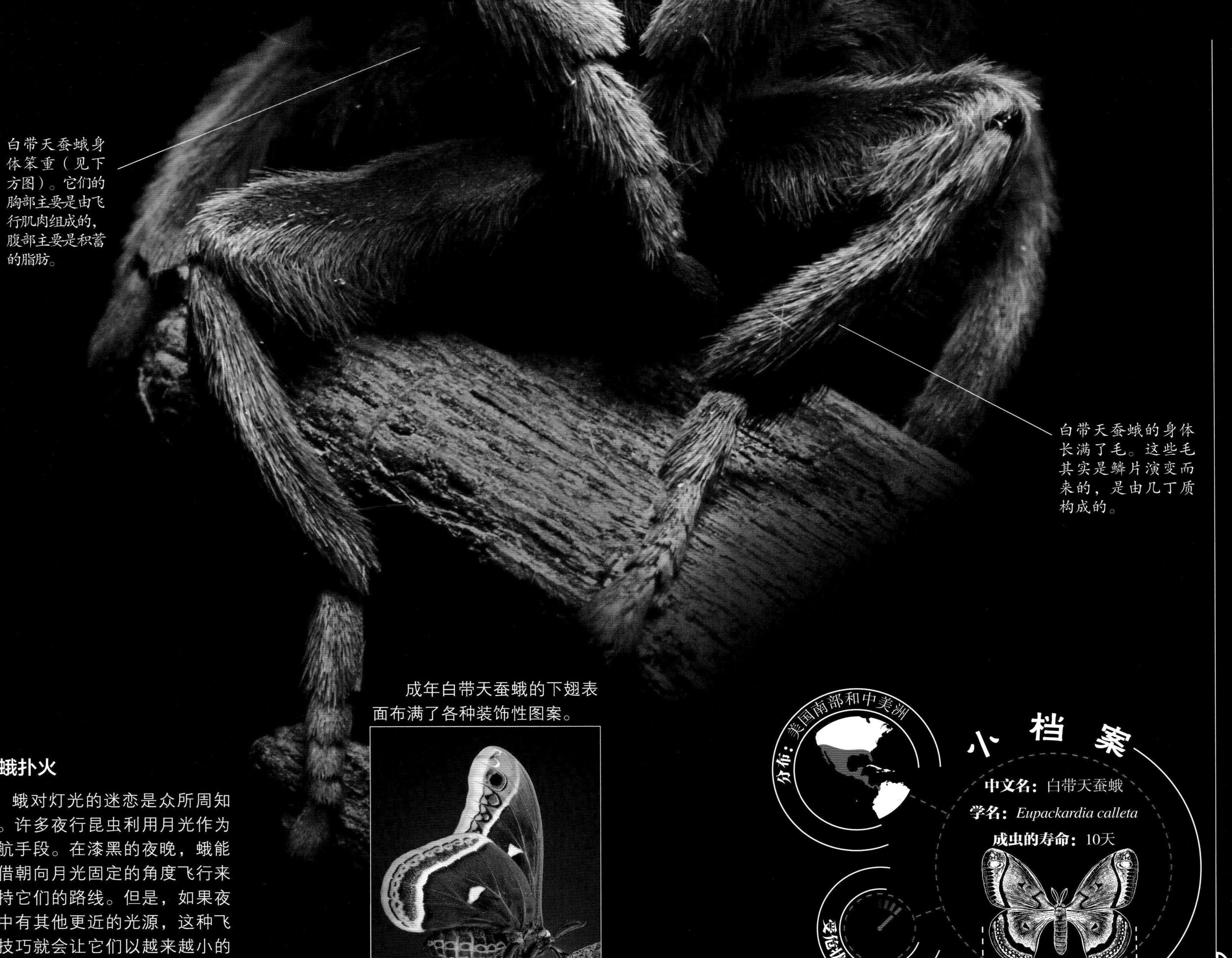

白带天蚕蛾身体笨重（见下方图）。它们的胸部主要是由飞行肌肉组成的，腹部主要是积蓄的脂肪。

白带天蚕蛾的身体长满了毛。这些毛其实是鳞片演变而来的，是由几丁质构成的。

成年白带天蚕蛾的下翅表面布满了各种装饰性图案。

飞蛾扑火

蛾对灯光的迷恋是众所周知的。许多夜行昆虫利用月光作为导航手段。在漆黑的夜晚，蛾能凭借朝向月光固定的角度飞行来保持它们的路线。但是，如果夜晚中有其他更近的光源，这种飞行技巧就会让它们以越来越小的螺旋路线朝光源飞去，结果经常是灾难性的。

小档案

中文名：白带天蚕蛾

学名：*Eupackardia calleta*

成虫的寿命：10天

翼展：12厘米

分布：美国南部和中美洲

受危状态：未受危

青春永驻的美西钝口螈

美西钝口螈是一种令人惊奇的两栖动物，它们似乎已经发现了永葆青春的秘密。它们终生都生活在水中，保留了有褶边的外鳃。而它们的亲戚——蝾螈在陆地上的成年时光就是在失去外鳃之后才开始的。这种延迟成年的简单技巧被称为“幼态持续”，它一直都是令动物学家着迷的课题。

如果美西钝口螈失去了一条肢体、鳃，甚至整个尾巴，它们还能重新长出来，几乎完好无损。再生过程需要几个月，不过，等待新生部件总比永远失去身体部件要好得多。

美西钝口螈羽毛状的鳃是由一个中轴和许多极细的毛缘组成的。覆盖鳃的皮肤非常薄，溶于水的氧气能直接进入美西钝口螈的血管。

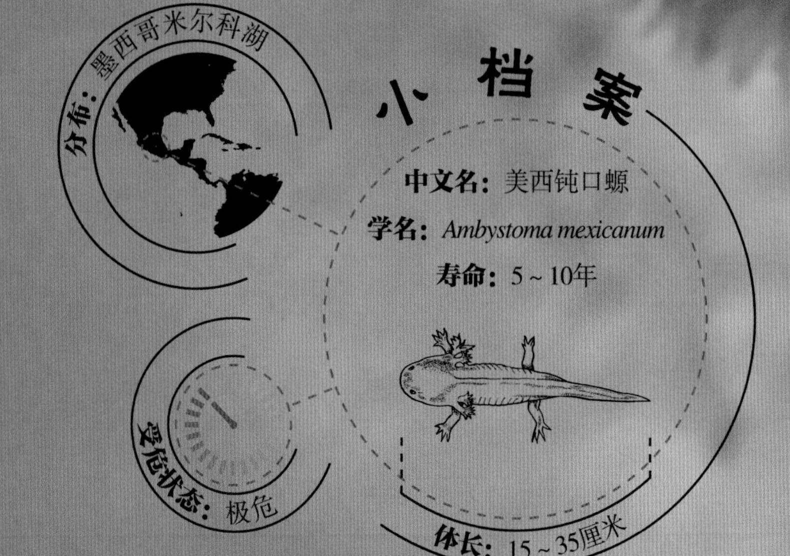

美西钝口螈的皮肤又软又薄。在正常情况下，从不会出现其他蝾螈身上的蜡质防水层。

青春永驻

尽管美西钝口螈终生都能保持“童颜”，但它们的生殖器官还会按照正常的方式成熟。所以，它们有时看起来很年轻，但依然能繁殖后代。实验室中的研究表明只需注射些碘剂，它们就可以变成成年状态的蝾螈，因为碘能促使它们产生生长激素。不过，在野外，对于它们来说，待在水中生活要安全得多。

美西钝口螈的眼睛有多种色型的虹膜。这只美西钝口螈的瞳孔是鲜红色的。

几近灭绝

不幸的是，现在全世界只有一个地方还存活着野生的美西钝口螈——墨西哥中部的一片湿地中。其他地区的美西钝口螈都在它们所栖息的湖泊干涸或污染后灭绝了。不能在陆地上移动就意味着它们没有办法逃离恶劣的环境。所以，如果这最后一片湿地再毁掉的话，它们就要面临灭绝的厄运。

挑选颜色

美西钝口螈天生就有多种颜色。常见的野生美西钝口螈是棕色、灰色或黑色的，身上带有黑色斑点；有些是金黄色的，眼睛呈粉红色；有些是白色的，眼睛呈黑色；有些是深黑色的，且不会变色；有些不会变色，且没有黄色素。人们可以把它们组合繁殖而培育出新的品种。例如，可以将金黄色种与白色种组合而产生白色带有粉色眼睛的品种；也可以将黑色种和金黄色种组合而形成特殊的白色品种，这些个体带有隐约可见的黄色斑点，没有任何鲜艳的色素。

美西钝口螈的嘴非常大。当它们突然张嘴时，水流就会把那些正在附近的倒霉的猎物带入它们的口中。这种不费吹灰之力的捕食方法属于“守株待兔”式。

长爪沙鼠

这种魅力十足的小动物是有名的宠物。长爪沙鼠是啮齿动物，与松鼠、小家鼠和仓鼠有亲缘关系。它们生活在亚洲干燥、多石的沙漠地区。长爪沙鼠生性好奇，非常勤劳。生活方式酷似大学生：不分昼夜地活跃一段时间，然后倒头睡上几个小时，没有任何规律。

家族联系

长爪沙鼠生活在复杂的洞穴系统之中，经常以家族为单位生活在一起。因为兄弟姐妹成年后仍然住在一起，所以经常出现这样的情况——帮助照看孩子的并非父亲，而是叔叔。这种生活方式在动物中非常少见，但倒也合乎情理：雄性照看与它们有亲缘关系的后代。

长爪沙鼠略显蓬松的皮毛起到了两个方面的绝缘作用。夜晚，它能帮助保存身体热量；白天，它能保护皮肤免受阳光的暴晒。

宠物

长爪沙鼠是非常好的宠物。与仓鼠不同，它们白天活跃，这也正是它们的主人活跃的时候。它们尿液很少，粪便干燥，容易清理，而且没有气味。如果你给它们提供足够的垫底材料，如干草或纸张（它们是出色的碎纸机），它们能在笼子里造出复杂的迷宫。

长爪沙鼠的长胡子能在黑暗的洞穴中发挥巨大作用，也让它们能在夜晚探路。每根胡须的毛囊都与它们的神经系统直接相连。刚出生的长爪沙鼠浑身光滑滑的，但却拥有胡须，可见胡须的重要性。

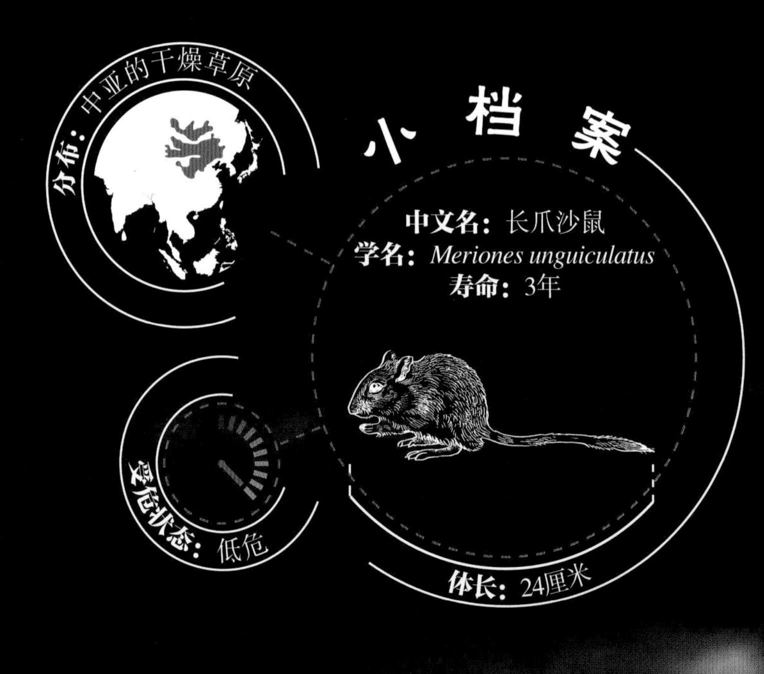

长爪沙鼠的后腿又长又壮，遇到危险时它能迅速地弹跳着逃离，就像是一只小袋鼠。

储备干粮

长爪沙鼠是沙漠生存的高手。它们全年活跃，在它们洞穴里干燥的储藏室中储存种子和谷物，以备不时之需。它们极少饮水，只是通过食物和舔食露水来补充所需水分。

饥饿的蜈蚣

英语中“蜈蚣（centipede）”一词来自拉丁语，意思是“一百条腿”。蜈蚣有可能多达382条腿，不过具有讽刺意味的是，没有哪种蜈蚣正好有一百条腿，因为长腿的体节数总是奇数的。最接近100条腿的蜈蚣是那些长着98或102条腿的。不过，最常见的蜈蚣通常都不到50条腿。对于其他小型无脊椎动物来说，蜈蚣腿的多少倒不重要，重要的是它们那能注射毒液的大毒牙。所有蜈蚣都是贪吃的捕食者。

小档案

分布：地中海地区

中文名：带蜈蚣

学名：*Scolopendra cingulata*

寿命：5～10年

受危状态：未受危

体长：10～14厘米

奇妙的脚步

因为腿太多了，所以蜈蚣需要精心地协调才能让它们走路时不至于纠缠在一起。最重要的因素是把握时间。每条腿都有严格的次序，正好在前一条腿之后移动，就像演唱会上的人浪一样。

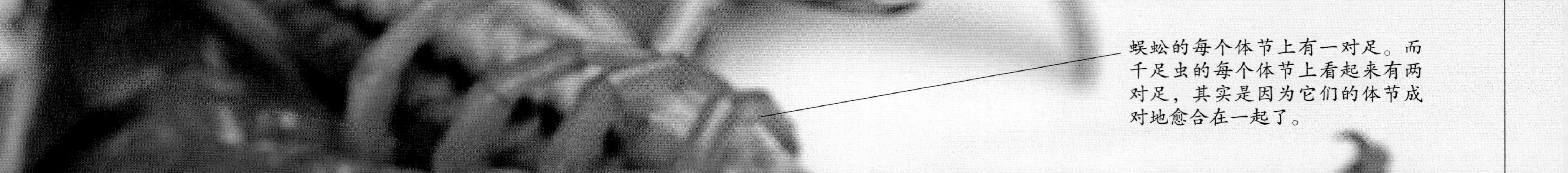

蜈蚣的每个体节上有一对足。而千足虫的每个体节上看起来有两对足，其实是因为它们的体节成对地愈合在一起了。

蜈蚣的心脏宛如纵贯它身体的一根管子，一直在有规律地跳动着。在这张图中，某些体节中那条黑线就是它的心脏。

触角是蜈蚣最重要的感觉器官，用来探路和寻找食物。触角一经接触，就能辨认出潜在猎物，并把它捕获。

蜈蚣的颚足生长在第一个体节上，变成了毒牙。毒牙的末端与毒腺相连。

许多蜈蚣没有视力，但是带蜈蚣有两簇能感光的小眼，形成了最原始的复眼。

蜈蚣是完全的肉食主义者，对它们那些素食猎物留下的素食完全不感兴趣。在它们大快朵颐时，对那些植物性食物完全置之不理。

这只蜈蚣今天的晚餐是飞蝗，但是蜈蚣也吃其他各种各样的无脊椎动物。它们还吃腐肉（动物尸体）和其他变质的有机物。不过，它们还是最喜欢吃新鲜的猎物。

见不得光的行为

带蜈蚣的眼睛已经退化，没什么视力。这些退化了的眼睛只能充当感光器，让蜈蚣避开光亮的地方，以免被体型较大的捕食者发现。敏锐的视觉对于专门生活在黑暗中的动物来说实在是浪费。在夜晚，蜈蚣利用它们长长的触角来捕猎和探路。白天时，它们会寻找黑暗的地方躲起来。

穴 鸮

穴鸮拥有敏锐的视力、锋利的喙和爪，是凶猛的捕食者。但是，它们的个头还比不上大块头的兔子。它们学名中的“*Athene*”一词来源于希腊语，代表着智慧女神。穴鸮目光深邃，仿佛无所不知。实际上，它们的大脑却小得可怜。不过，这并不足以让它们的猎物安心。这位小个子猎手的凶猛和精准丝毫不逊色于体型大它们数倍的隼、鹰和其他猫头鹰。

穴鸮带斑纹的羽毛为它们在地面上的活动提供了出色的伪装。它能很好地与干燥、多石、灌木丛生的地面融为一体。

社会性的猫头鹰

尽管许多猫头鹰喜欢独处，但是穴鸮似乎更喜欢结伴在一起。在条件良好的栖息地，比如土壤肥沃的大草原，可能会有数十只穴鸮共用一个庞大的洞穴系统。随着时间的推移，它们还可能会在这个洞穴中扩建，增加新的通道、入口和洞室。

对于大部分时间都待在地上的鸟类来说，穴鸮已经算是飞行高手了。它们能够盘旋，还能够分别拍打左右翅膀，这极大地增加了它们在空中的机动灵活性，这对于猫头鹰来说可是不同寻常的。

小 档 案

分布：美国北部、中部和南部

中文名：穴鸮

学名：*Athene cunicularia*

寿命：9年

受危状态：低危

体长：20～28厘米

穴鸮的腿长而有力，适合奔跑和挖掘。正如它的名字，穴鸮能够自己挖洞。不过，大多数情况下它们还是愿意搬到其他动物挖好的洞中。

我为甲虫狂

除了小型哺乳动物、青蛙和蜥蜴以外，穴鸮还喜欢捕食昆虫。它们有时会收集哺乳动物的粪便，然后把它们涂抹在自己的洞穴旁边，这些粪便能吸引昆虫，这样，穴鸮便能轻而易举地获得自己的美餐。

故作姿态的螳螂

魔花螳螂的奇特外表就像入侵地球的外星人，拥有和它的名字相配的邪恶之美。受到威胁时，它们会用后腿站立，直面敌人。然后，它们会伸展前腿，展出骇人的姿态，吓退敌人。这是我最喜爱的螳螂，它们好像特别钟爱出现在镜头前。魔花螳螂原产于非洲潮热的亚热带灌木丛林地。

它们前腿上密密麻麻地分布着许多刺和刚毛，用来捕捉飞行昆虫。

前腿的形状和颜色特别像它们的同名植物——魔花的花瓣。

魔花螳螂的触角是它们的嗅觉器官，能捕捉空气中的气味微粒。图上这只魔花螳螂是雄性的，它的触角是羽毛状的。雌魔花螳螂的触角是直的。

这种姿势非常适合吓退附近的潜在攻击者，如鸟类，甚至也包括小型猴类。魔花螳螂举起前腿后，体型似乎变大了一倍。它们前腿最宽大处，像花瓣一样，也被翻转向前，最大程度地增加体型大小和颜色效果，再配上它们犀利的目光，总体来看，还真是有些吓人。但是，它们毕竟只有10厘米长，所以除了能对付它们赖以生存的飞虫之外，对其他动物也算不上真正的威胁。

魔花螳螂眼睛上的黑点被称为“伪瞳孔”。给其他生物造成一种假象，好像魔花螳螂在盯着你呢。其实，它们与螳螂看的方向毫无关系。实际上，魔花螳螂从不会只盯着一个方向。构成它们复眼的数百只小眼都各自指向略微不同的方向，黑点是正对观察者的那几个小眼的基部。

脱颖而出，融入其中

在工作室简单的背景之下，魔花螳螂看起来好像过于华而不实。但在栖息的树林之中，它们醒目的颜色提供了极好的伪装，让捕食者和猎物几乎对它们视而不见。有趣的是，它们颜色的深度会随着空气的湿度而有所变化。空气的湿度会影响叶子的颜色，所以魔花螳螂也随之发生变化，这样便能在任何条件下都能保持伪装。有些种类甚至还能在森林大火之后变成黑色，以便于在熏黑的树枝上获得伪装。

魔花螳螂身体的上部被称为“前胸”，它让魔花螳螂获得了许多昆虫不具备的灵活性。魔花螳螂能弯曲和伸展身子去捕获猎物或保持这种威胁姿势。它们身体下部的灵活性要差很多。

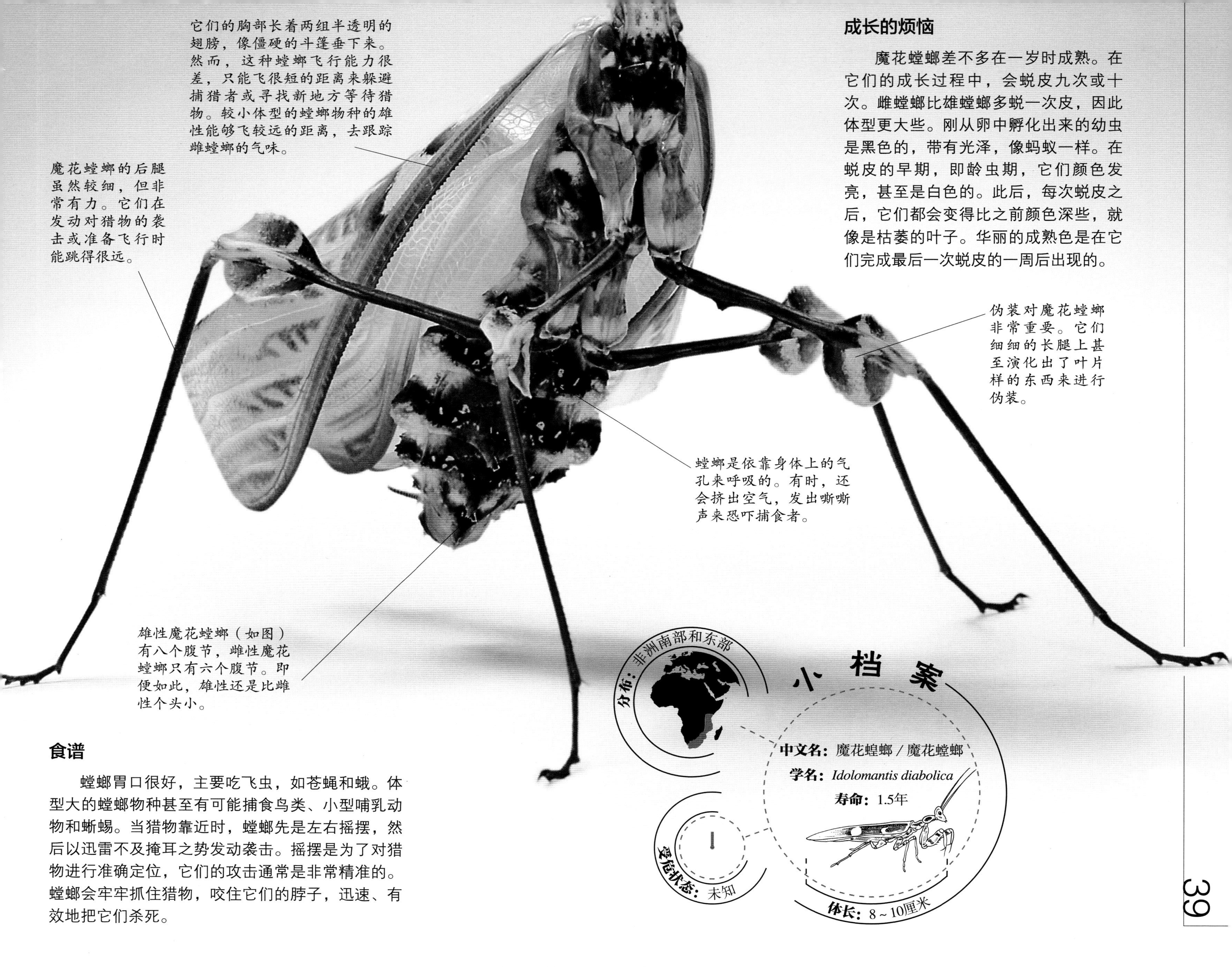

成长的烦恼

魔花螳螂差不多在一岁时成熟。在它们的成长过程中，会蜕皮九次或十次。雌螳螂比雄螳螂多蜕一次皮，因此体型更大些。刚从卵中孵化出来的幼虫是黑色的，带有光泽，像蚂蚁一样。在蜕皮的早期，即龄虫期，它们颜色发亮，甚至是白色的。此后，每次蜕皮之后，它们都会变得比之前颜色深些，就像是枯萎的叶子。华丽的成熟色是在它们完成最后一次蜕皮的一周后出现的。

食谱

螳螂胃口很好，主要吃飞虫，如苍蝇和蛾。体型大的螳螂物种甚至有可能捕食鸟类、小型哺乳动物和蜥蜴。当猎物靠近时，螳螂先是左右摇摆，然后以迅雷不及掩耳之势发动袭击。摇摆是为了对猎物进行准确定位，它们的攻击通常是非常精准的。螳螂会牢牢抓住猎物，咬住它们的脖子，迅速、有效地把它们杀死。

小档案

分布：非洲南部和东部

中文名：魔花螳螂 / 魔花螳螂

学名：*Idolomantis diabolica*

寿命：1.5年

受危状态：未知

体长：8～10厘米

悬挂的狐蝠

蝙蝠用脚倒挂着休息。它们的动脉和静脉中特殊的阀门能阻止太多的血液流向头部。

能拍到罗德里格斯狐蝠实在是一桩幸事。目前，野生的罗德里格斯狐蝠还剩不到1000只，生活在一个小岛上。人为捕杀和栖息地的消失是它们锐减的重要原因。这已经让它们的数量锐减到了一些自然灾害事件（如暴风雨等）就足以使它们绝种的地步。在欧洲和美洲，人们在动物园中养殖它们，以免它们灭绝。

蝙蝠的拇指上没有翼膜。拇指上有爪子，用来攀爬。每只翅膀的第二指上也有爪子，被它们当作刀子，来切分那些吃起来太大的水果。

它们的鼻子又长又尖。这也是狐蝠（flying fox）名字的由来。它们也被称为“果蝠”，因为它们特别爱吃水果。

吵闹的邻居

狐蝠成群生活在一起。它们倒挂在高高的树上，一刻不停地在吵闹。降落时的冲撞是骚动最主要的原因。蝙蝠在空中优雅、灵活，但降落时却比较麻烦。冲撞事故可以说是此起彼伏。这么吵闹居然还有蝙蝠能睡着，也算是一个奇迹了。

与大多数动物一样，狐蝠是夜行动物。它们视力良好，能在较暗的环境中最大程度地发挥作用。它们的嗅觉也非常出色。

蝙蝠翅膀上的皮肤从翼手最长指一直延伸到踝骨处。休息时，蝙蝠的翅膀折叠在身体之上，就像一张大斗篷。

狐蝠的食物从没想过逃跑，所以它们不需要有多好的听觉。它们的耳朵很小。罗德里格斯狐蝠不能像大多数捕食昆虫的蝙蝠那样使用回声定位法（见第64页），但它们出色的视力和嗅觉能够提供所需的信息。

小档案

分布：印度洋地区罗德里格斯岛

中文名：罗岛狐蝠
学名：*Pteropus rodricensis*
寿命：20年

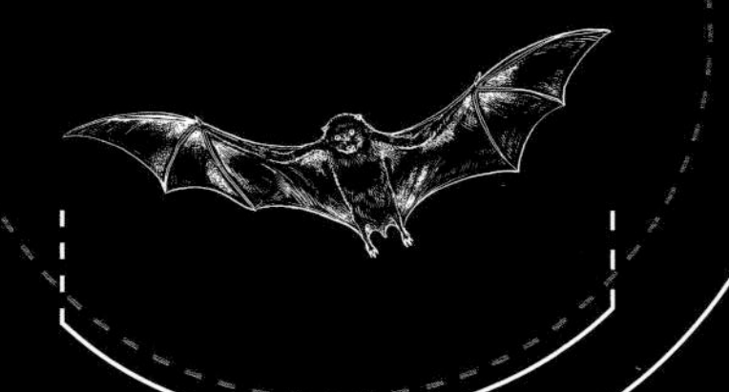

受危状态：极危

翼展：70厘米

果实盛宴

狐蝠食用多种植物食材，包括花粉、花蜜、花朵和果实。蝙蝠的牙齿和下颌不太适合咀嚼，所以它们会挑选柔软、成熟的果实。芒果、香蕉、无花果是它们的最爱。狐蝠用牙和爪子把这些果实挤成浆，然后用舌头吸食。它们会吐出坚硬的果核和果皮。

不同颜色的变种

大型的幽灵竹节虫有不同颜色的变种。图中这种浅色的是比较罕见的。与它有亲缘关系的另一些个体呈现出各种叶子的颜色，如棕色、黄色或黄褐色。这些保护色都能提供良好的伪装。

幽灵竹节虫

这只巴掌大小的生物是幽灵竹节虫。雌虫能长到人的手掌大小。虽然它们被称为“竹节虫”，但是它们更像是一簇叶子。出色的伪装只是这种非凡昆虫非常奇特和拿手的适应手段之一。它们能像骡子那样猛踢敌人，还可以不用交配就能繁殖后代，它们甚至鼓励蚂蚁来“绑架”自己的后代……让我们仔细地看一看这种神奇生物吧！

培育父母

雌竹节虫每天产一颗卵。它们会把卵一一弹开，保证它们落在地面上。它们的卵就像是种子一样，上面有一个柄一样的“头状体”。过不了多久，蚂蚁就会发现它们的卵，并把卵搬回家。蚂蚁会吃掉头状体，但卵完好无损。保存在蚂蚁巢穴中的虫卵能够躲避捕食者和寄生性胡蜂。小竹节虫孵化出来时长相酷似小蚂蚁，但不久之后它们便会离开蚁穴，出去觅食。经过第一次蜕皮之后，它们摆脱了蚂蚁的模样，越长越像尖刺和树叶。

孤雌生殖

在野生状态下，雌性幽灵竹节虫比雄性要多得多。找不到雄性的雌幽灵竹节虫仍然会产卵，它们的卵也能孵化，不过孵化过程需要9个月（比受精卵要长6个月），而且孵化出来的后代全部是雌性的。

幽灵竹节虫腿上刺状的边缘既能保护它们的身体，又能提供伪装，让人感觉它们像是带刺的叶子一样。

幽灵竹节虫的后腿非常强壮。如果敌人靠得太近，它们就会猛力一踢，这通常能阻止那些捕食昆虫的动物，如负鼠。

雌幽灵竹节虫的翼芽永远都不能变成真正的翅膀。它们不会飞，只依靠伪装和尖刺保护它们从一棵植物爬向另一棵植物。雄幽灵竹节虫拥有长长的翅膀，可以进行短途飞行，寻找交配对象。

分布：澳大利亚东北部和新几内亚

小档案

中文名：幽灵竹节虫

学名：*Extatosoma tiaratum*

寿命：大约1年

受危状态：未知

体长：10～17厘米

害羞的海马

海马的学名“*Hippocampus*”来自两个希腊单词：*hippus*和*campus*。前者的意思是“马”，后者的意思是“海怪”。你可能认为这个柔弱、安静的小动物实在是和怪物扯不上关系，但在卤虫眼中，海马确实是一个潜在的威胁。它们隐身在海草之中，能够以飞快的速度发动袭击。而且，海马并没有多少对捕食者的畏惧，它们骨质的身体没有什么肉，还不够大多数捕食者塞牙缝呢。

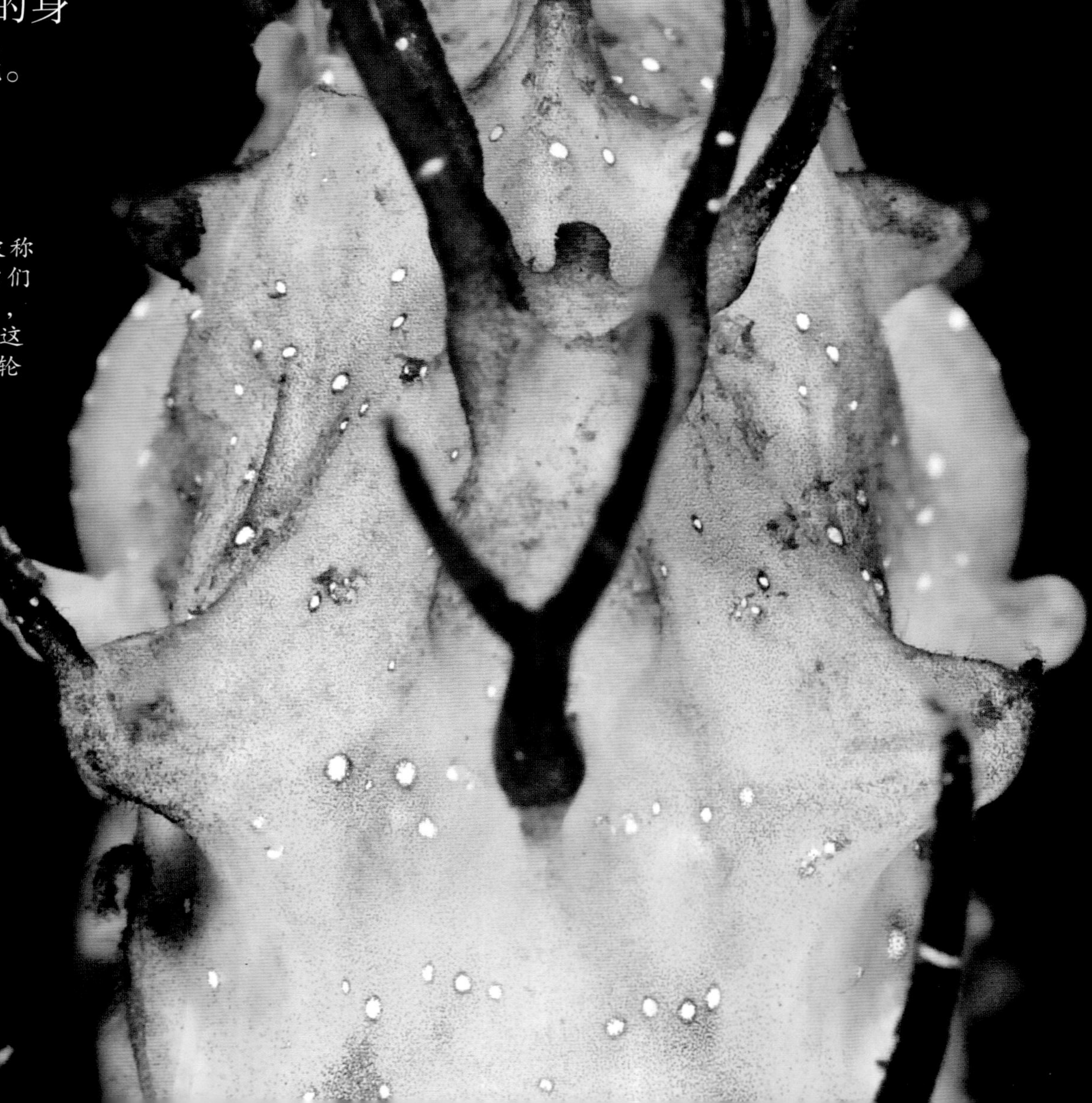

长吻海马有时也被称为“刺海马”。它们身上装饰着许多刺，被称为“触毛”，这能掩饰它们真实的轮廓。

怀孕的父亲

鱼类中雄性照顾后代的情况并不少见。但是海马把照顾孩子的差事做到了极致——雄海马负责怀孕和生产后代。雌海马把卵产在雄海马腹部的一个袋子之中，雄海马使这些卵受精，受精卵会在育儿袋中发育成海马幼体。此后三周，雄海马的腹部会慢慢隆起，直到小海马出生。

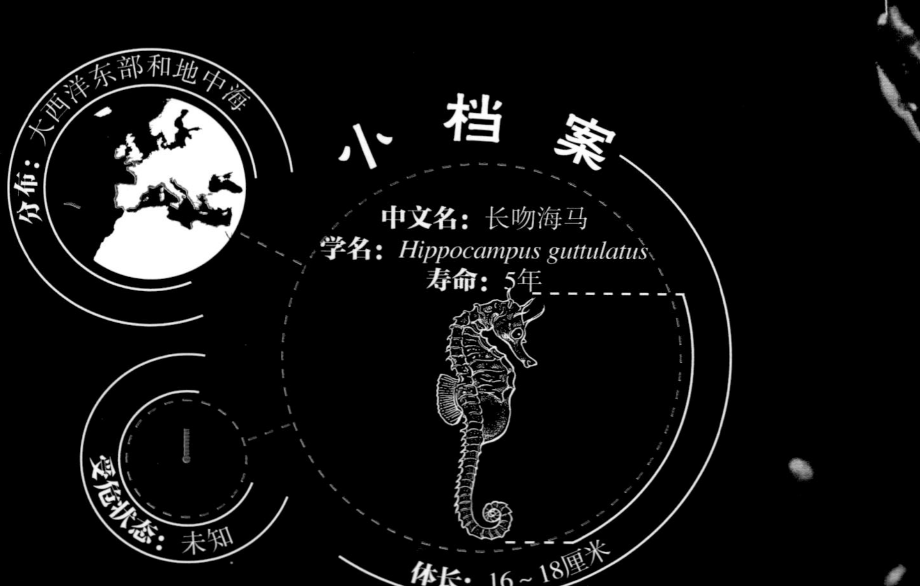

长吻海马头部两侧的眼睛能够独立移动，就像第78页的变色龙一样。当它发现小虾等猎物时，便会摆动长嘴，先吸后咬。它们捕食一只猎物只需要几百分之一秒，这对于海马这种做其他事都慢吞吞的鱼类来说，倒是让人惊奇。这种捕食速度在所有脊椎动物之中也是非常快的。

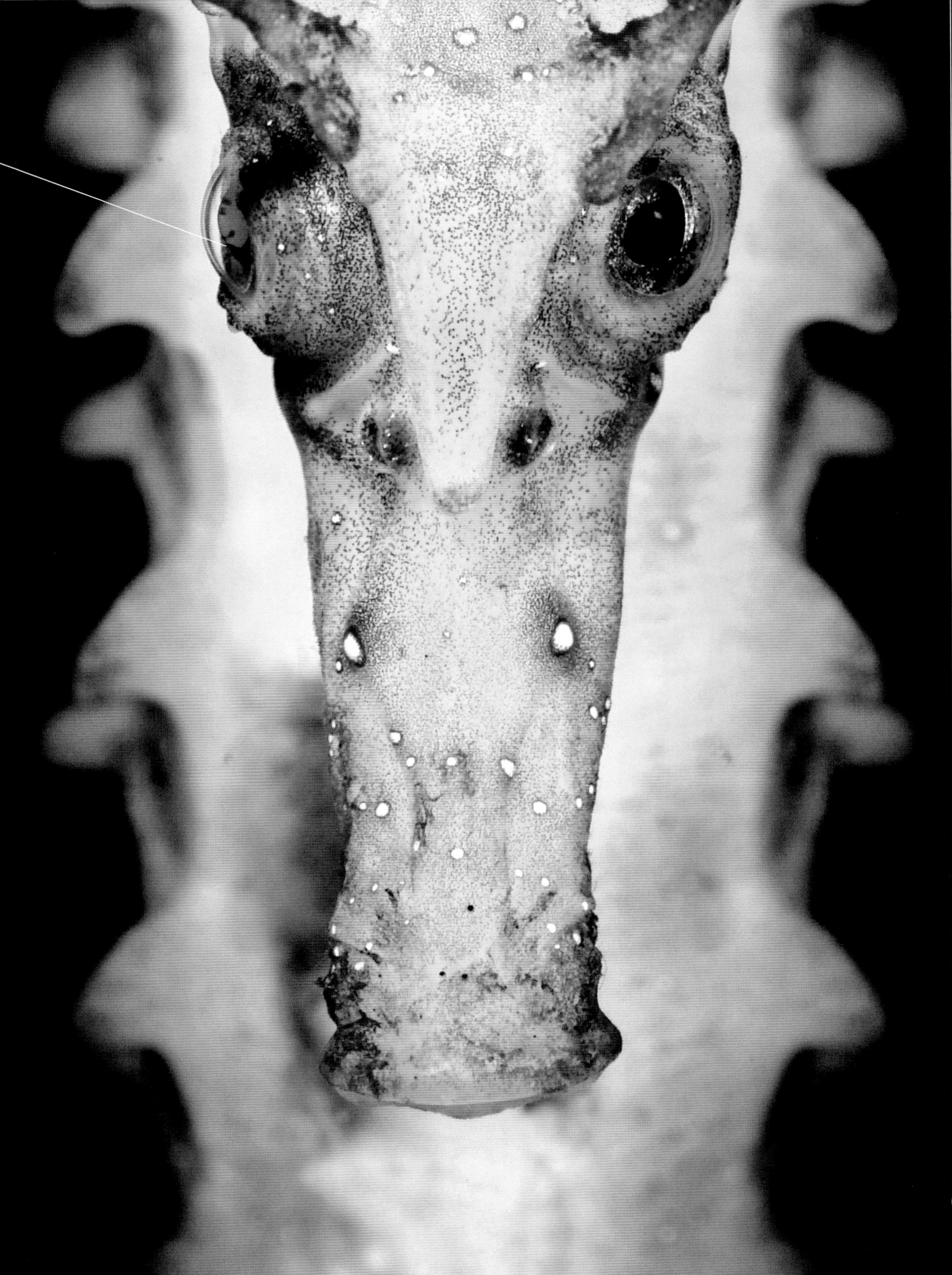

海马依靠背鳍在水中推进。它们的鳍非常小，体型又非常特殊，所以它们的游泳能力实在是一般，一小时才能游几米的距离。

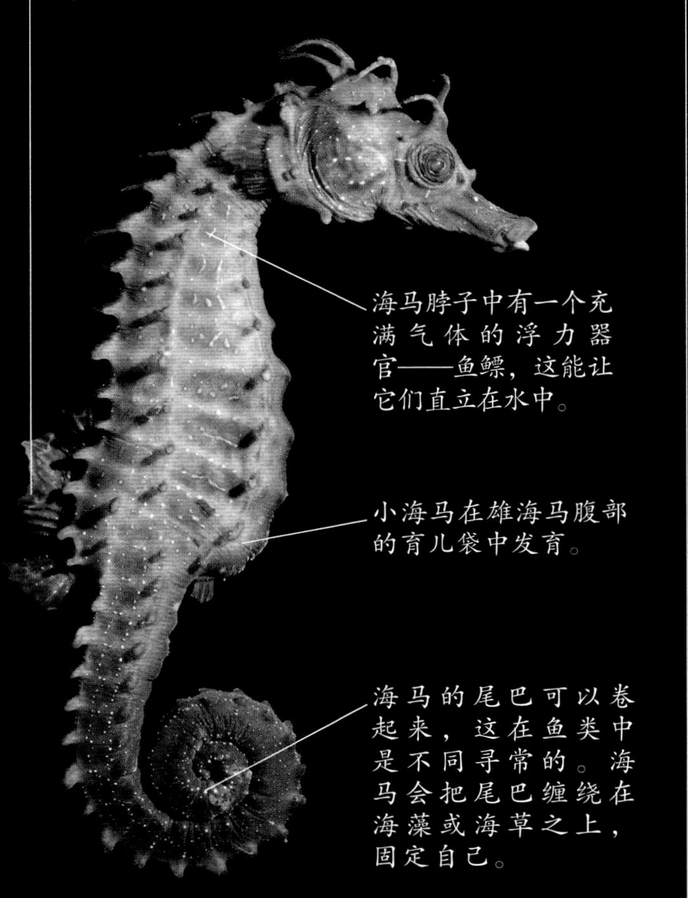

海马脖子中有一个充满气体的浮力器官——鱼鳔，这能让它们直立在水中。

小海马在雄海马腹部的育儿袋中发育。

海马的尾巴可以卷起来，这在鱼类中是不同寻常的。海马会把尾巴缠绕在海藻或海草之上，固定自己。

悠闲生活

海马的消化系统简单而低效，吃的许多东西径直穿过身体，变成粪便排出。为了存活，它们采用一种低能耗的生活方式，大部分时间静静地待在水藻丛间。它们把尾巴当成系绳，不用在逆流中游泳，这就节省了能量。身体上部充满气体的鱼鳔可以轻松地让它们在水中保持直立。

食鸟蛛

食鸟蛛也被称为“狼蛛”（译者注：在中文中，狼蛛还指另一类凶猛的陆地奔跑蜘蛛），是世界上体型最大的蜘蛛。它们也是寿命最长的蜘蛛，一只人工饲养、受到良好照顾的雌食鸟蛛能活30年。在野外，它们生活在干燥的森林或灌木林中。白天，它们躲在洞穴之中；傍晚，它们走出洞穴，埋伏在植物间，等待猎物经过。它们能擒获各种无脊椎动物。有时，它们也袭击小型鸟类、蜥蜴或哺乳动物。它们用前腿把猎物击倒，然后用螯肢上的毒牙咬住猎物，一击毙命。

当我的照相机镜头离它们过近时，它们就会摆出这副经典的恐吓姿势。这是一种攻击性的姿势，前腿、须肢和螯肢全部举起来，随时准备发动攻击。受困的家蜘蛛也会这样做。

脆弱的生活

食鸟蛛体型巨大，让人望而生畏。但实际上，它们非常脆弱。食鸟蛛的外骨骼又薄又脆，当它们坠落时，常常会跌碎。它们的外骨骼是大小固定的，不能伸展，因此，过一段时间就要蜕一次皮，才能继续生长。

让人畏惧的毛发

让多数人没想到的是，近距离接触狼蛛时，最令人不快的事并非被它咬上一口，而是引发让人恶心的皮疹。有几种美洲狼蛛背上布满了长有倒钩的毛，就像有些能刺痛人的植物叶子上长的那种。这些毛很容易掉下来。粘到人的皮肤上、鼻子里、喉咙中，让人痒得难受，还能引发一些人过敏。

食鸟蛛身上密布的细毛，帮它们感知周围的环境。这些毛对接触和振动非常敏感，能让视力欠佳的食鸟蛛准确跟踪猎物。

蜘蛛的腿跨度是前腿末端到同一侧后腿末端的距离。图片上这只食鸟蛛的腿跨度是20厘米，但日后它有可能长到45厘米，比一张够全家人食用的披萨还要大。

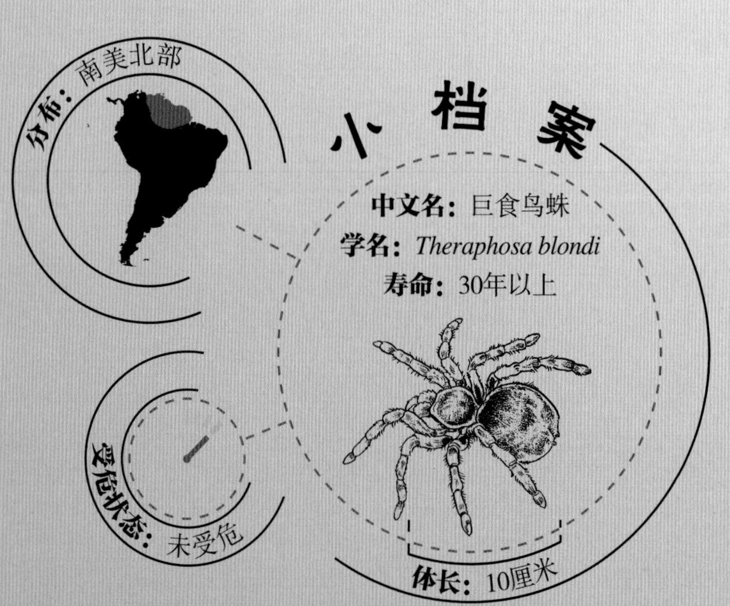

多少条腿？

大家都知道蜘蛛有8条腿。不过，如果你认为看见了10条甚至12条腿，也不足为怪。蜘蛛身体前端像腿一样的东西实际上是它们的口器：一对长长的、可以移动的须肢和一对短小的、生有毒牙的螯肢。

食鸟蛛每条腿的最后两节上都布满了微小的毛，被称为“毛丛”。它们能够帮助食鸟蛛抓住人手不能抓握的光滑的表面。

天鹅绒般质地的须肢既是感觉器官，还能抓握猎物。雄食鸟蛛在交配时还用它们抓握雌食鸟蛛。在森林中移动时，它们会习惯性地把须肢在脸前晃动，就像在黑暗中摸索前行的人一样。

食鸟蛛腿上的肌肉只能单向发挥作用——使它们的腿弯曲。当它们想要伸直腿时，必须要依靠液压：将血液输送至腿里，直到腿部展开，就像空气的压力使气球膨胀起来一样。

丝线

狼蛛从腹部末端的纺绩突中抽出丝。不过，它们并不织网，而是在它们的洞穴中布满蛛丝。它们并不用蛛网做陷阱来捕获猎物，而是埋伏起来，然后一跃而上，捕获经过的猎物。

蜘蛛的身体主要分为两部分（昆虫分为三部分）：球形的腹部和头胸部，这两个部分由一个细细的腰部连接。

肌肉发达的螯肢能发挥多种作用。令人生畏的毒牙用来制服猎物、刺破它们的皮肤和外骨骼，注射毒液。猎物麻痹或死亡之后，食鸟蛛便用毒牙把它们咬碎，注入消化液，使它们变成浆状，然后再轻松食用。所幸的是，这些毒液对人来说不存在真正的危险。被食鸟蛛叮咬和被胡蜂或蜜蜂蜇一下差不多。

食鸟蛛的腿布满了毛。这些毛帮助它们在黑暗中探索道路。

红眼树蛙

这种标志性的两栖动物生活在南美洲的中部和北部。虽然目前它们还没有被列为濒危物种，但它们已经成了保护受危栖息地行动的象征。红眼树蛙是夜行动物，大部分时间都生活在高高的树上，只在夜晚时才会冒险来到地面的池塘中。它们靠伏击的方式捕猎，会耐心地等待过往的猎物。它们能用长长的、黏黏的舌头把猎物从植物上或空中卷入它们巨大的口中。

树蛙大多以昆虫为食，图上这只树蛙正在捕食苍蝇。但它们也可能吃嘴巴容得下的任何东西，包括更小的蛙类。

小档案

分布：墨西哥南部到南美洲北部

中文名：红眼树蛙

学名：*Agalychnis callidryas*

寿命：5年

体长：5~7厘米

受危状态：低危

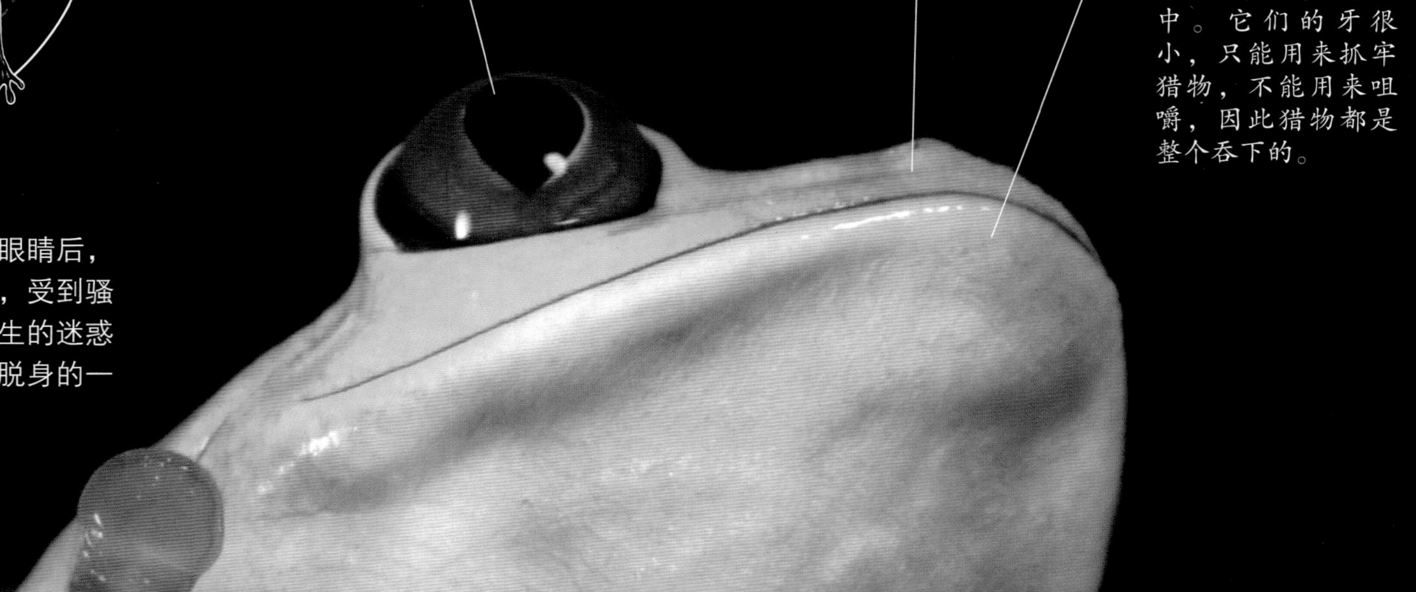

休息时，树蛙会闭上眼睛，并把它们缩回到头骨之中。带有斑点的绿色眼皮有助于它们的伪装。

树蛙身体的绿色会随温度、情绪和时间的不同而有所变化。

蛙类通常拥有硕大的嘴巴和喉咙，能吞吃相当大的猎物。它们有时会用前肢协助把那些挣扎的猎物塞进口中。它们的牙很小，只能用来抓牢猎物，不能用来咀嚼，因此猎物都是整个吞下的。

红色的危险

白天，树蛙收起它们彩色的腿，闭上红色的眼睛后，它们身体上部的绿色能够提供良好的伪装。然而，受到骚扰之后，它们就睁开眼睛，再配上跳跃时腿部产生的迷惑性的色彩，通常都会吓捕猎者一跳，为它们赢得脱身的一线生机。

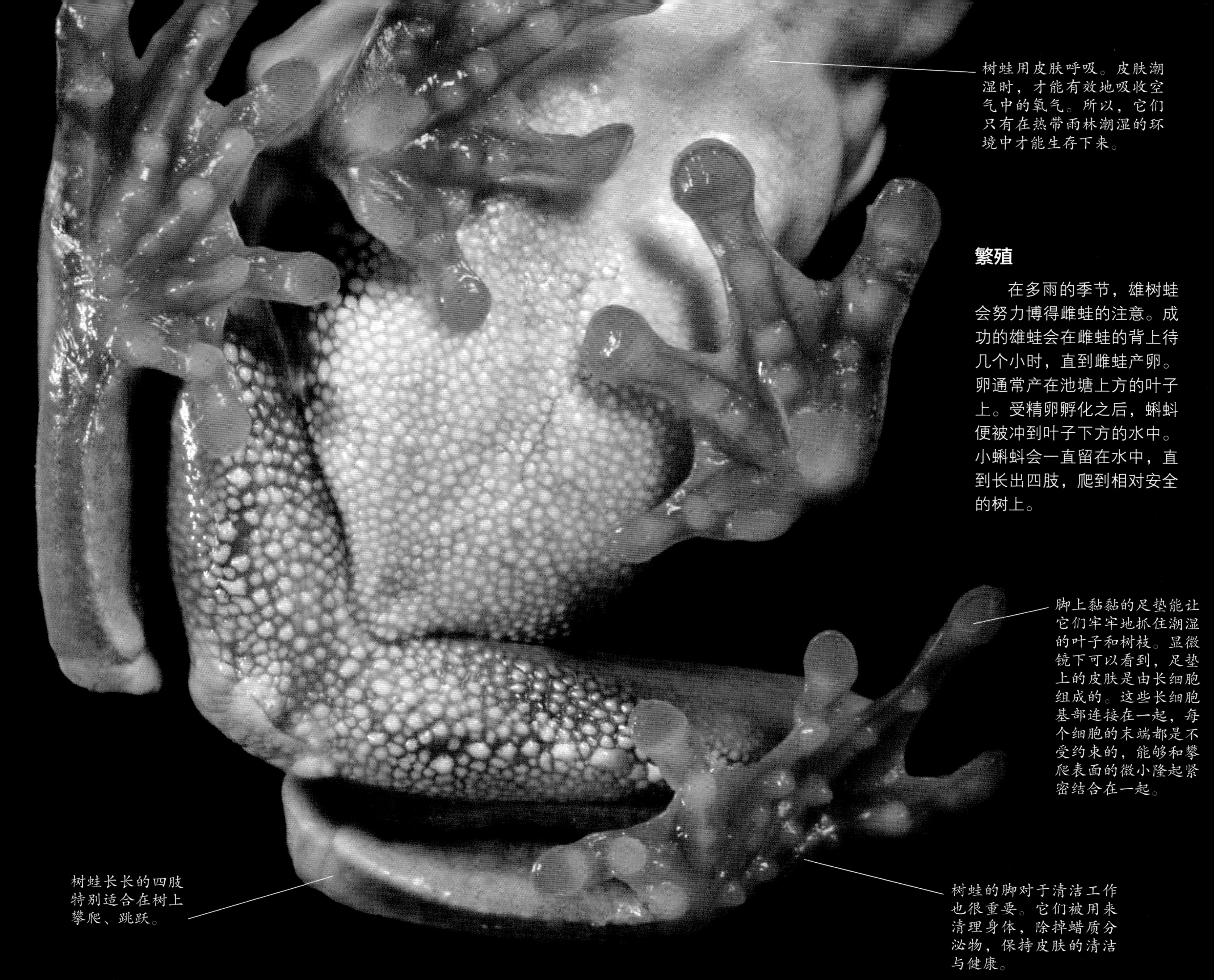

繁殖

在多雨的季节，雄树蛙会努力博得雌蛙的注意。成功的雄蛙会在雌蛙的背上待几个小时，直到雌蛙产卵。卵通常产在池塘上方的叶子上。受精卵孵化之后，蝌蚪便被冲到叶子下方的水中。小蝌蚪会一直留在水中，直到长出四肢，爬到相对安全的树上。

象鹰蛾

了不起的象鹰蛾是世界上飞行速度非常快的昆虫之一。它们能以50千米／时的速度飞行数小时而不停歇。它们还能像鹰一样在空中盘旋，悬停在花的上方，寻找花蜜。它们还能迅速改变飞行方向，来躲避如鸟类和蝙蝠这样的捕食者。

分布：北美洲和欧亚大陆北部

小档案

中文名：象鹰蛾

学名：*Deilephila elpenor*

寿命：大约1年

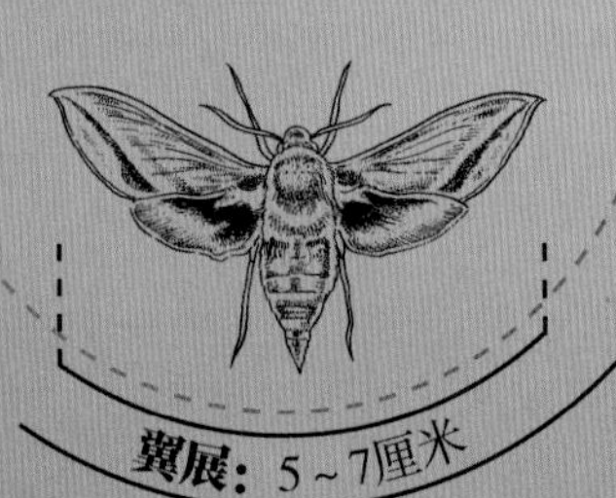

翼展：5～7厘米

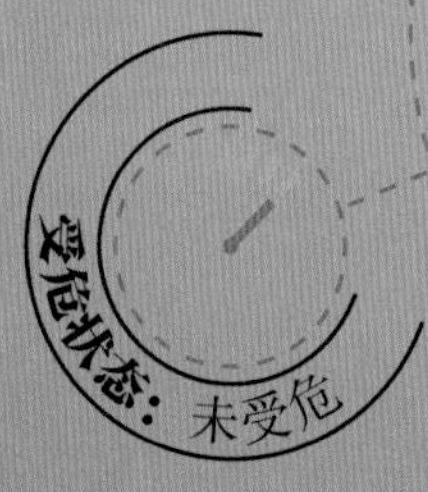

受危状态：未受危

象鹰蛾的喙非常长，也非常灵活，能够吸食管状花深处的花蜜。现在，喙卷了起来。但是，伸展开时，喙的长度至少等于身体其余部分的总长。

象鹰蛾的腿长而有力。每次飞行时，它们的腿都会提供一个有力的助推。

象鹰蛾的眼睛比其他蛾类的要大。它们也是我们已知的唯一能在晚上看到全色的生物。

变色专家

这个物种的普通名来源于它们的幼虫。它们的幼虫酷似大象的长鼻子。受到威胁时，幼虫会立即作出反应：它们用后腿站立，头部充满液体，变得异常肥大，而且上面有眼睛一样的斑点。这让它们看起来特别像被激怒的蛇。大部分鸟类和其他潜在捕食者都会吓得立即逃走。

象鹰蛾的触角就像是飞机的陀螺仪一样，让它们可以辨别方向。触角还能感知花的香味和其他蛾发出的化学信号。

飞前检查

在飞行之前，象鹰蛾需要对飞行肌肉热身。它同时收缩翅膀上的所有肌肉，以便它们能相互协调，发挥作用。这能产生许多热量，但又不需要太多活动。在飞行时，肌肉交替收缩，使它们能在一秒钟之内拍打翅膀50多次，产生的热量能使它们的体温增加到大约40℃。

当象鹰蛾在最主要的食物来源——狭叶柳叶菜粉红的花朵上停留时，它们鲜艳的体色能够提供很好的伪装。

覆盖在象鹰蛾身体和腿上的毛发实际上是细小的鳞片。它们有助于在夜晚保暖，还能帮助抵抗捕食者，让它们只能吃到一口毛。它们还能防止象鹰蛾被蛛网粘住。

象鹰蛾的足末端有细小的爪子，这能让它们停留在稍微有些凹凸的表面上。

犀金龟

犀金龟属于金龟子科，这是地球上最大、最重的昆虫类别。动物学家对这一类群的无脊椎动物感到惊叹。犀金龟的许多近亲都被赋予了响亮的名字，如歌利亚、赫拉克勒斯、阿特拉斯（译者注：歌利亚是圣经故事中的巨人；赫拉克勒斯是希腊神话中力大无比的英雄；阿特拉斯是希腊神话中被罚作苦役的大力神）。这些甲虫都非常有力气，能够举起比自己重几百倍的东西。它们也非常吵闹，成年甲虫通过摩擦翅鞘和胸部，能产生尖锐的声音。

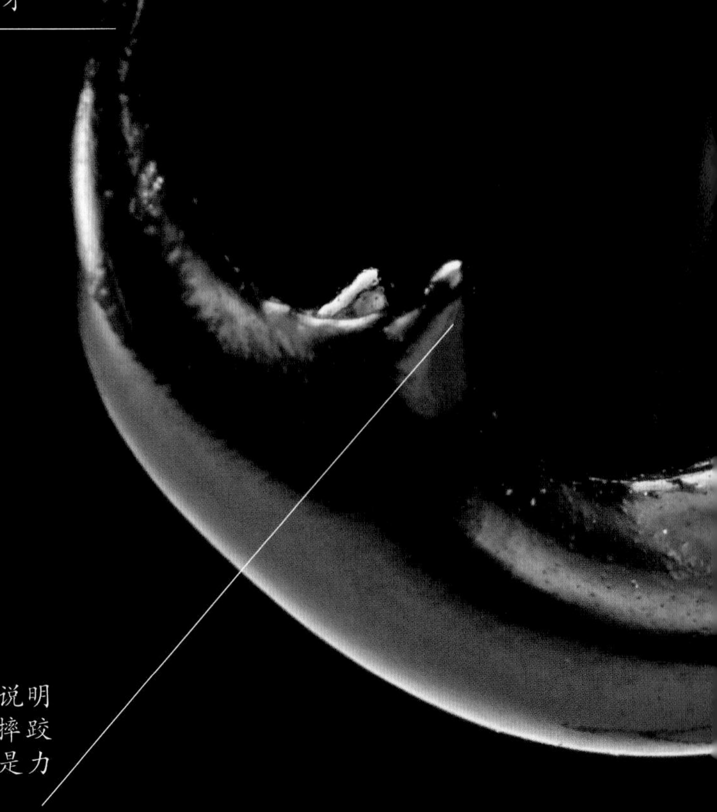

犀金龟角的形状和大小取决于它们成长过程中食物的质量。完美的身体结构需要许多蛋白质，所以只有伙食优良的犀金龟才能长出巨大的角。

犀金龟的角很钝，而且分叉。这说明它们不是用来戳刺，而是用来摔跤的。雄性犀金龟之间的争斗更像是力量的比拼，而不是生死的决斗。

臭烘烘的育婴室

与其他金龟子科动物相同，犀金龟的生命也开始于卵中孵化的幼虫。粪球和腐烂变质的植物是产卵的理想场所，朽木是它们产卵的最佳地点。孵化后，经过几个月甚至几年的生长，有些幼虫能长到人手那么大，然后，它们会变态成成虫。它们的成虫寿命只有几个月。成虫能进行短途飞行，寻找交配对象。雄性犀金龟会为了一个粪球或一段朽木而大打出手。获胜者将有机会与雌性交配，它们一起建立新的育婴室，开启一轮新的生命循环。

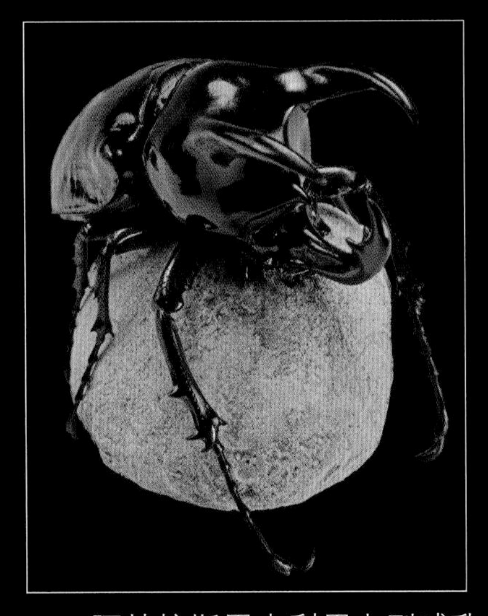

阿特拉斯甲虫利用大型哺乳动物的粪便，如牛粪滚粪球，然后在上面产卵。在它们把粪球滚到安全之处的过程中，粪球会变得又光又圆。

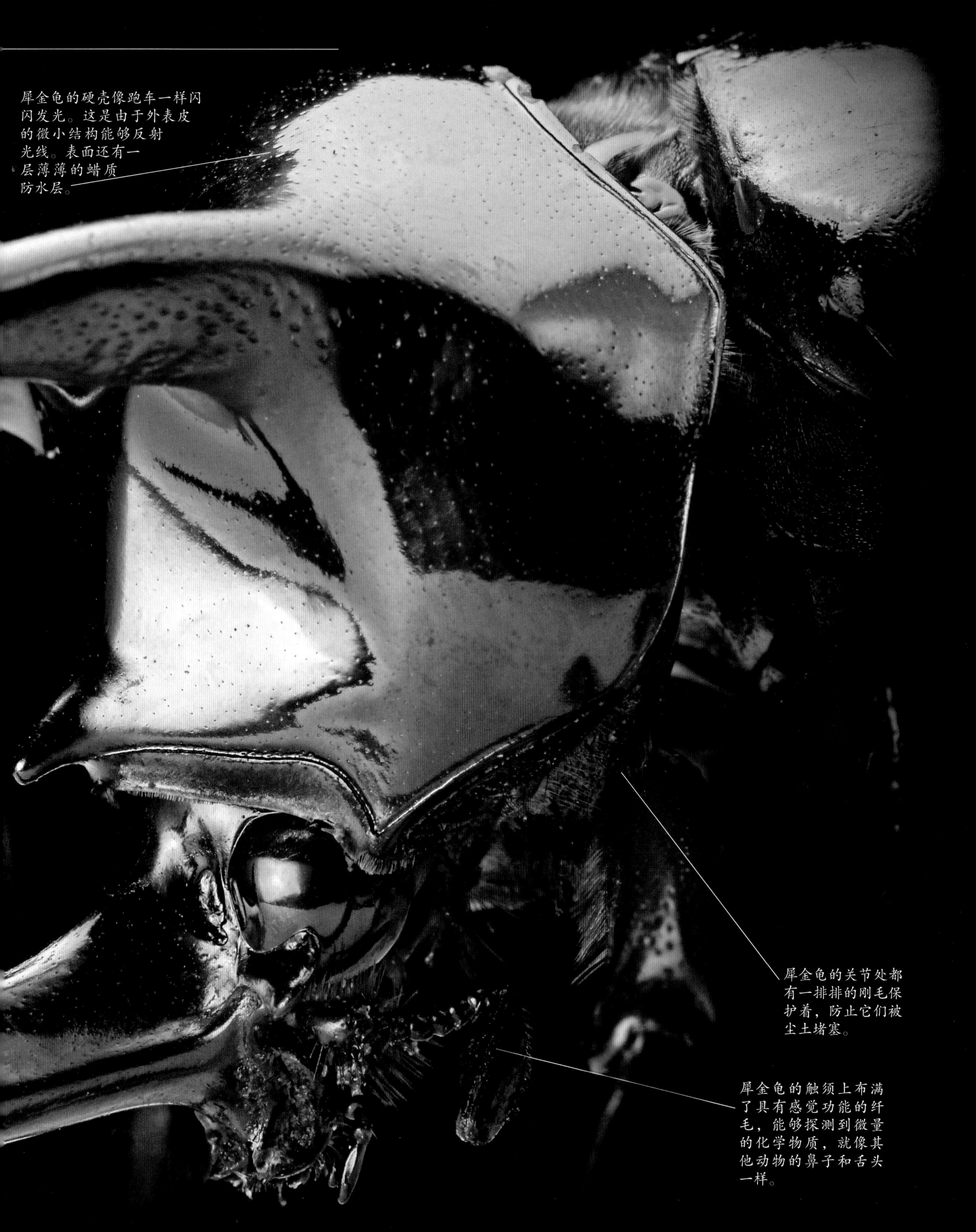
犀金龟的硬壳像跑车一样闪闪发光。这是由于外表皮的微小结构能够反射光线。表面还有一层薄薄的蜡质防水层。
犀金龟的关节处都有一排排的刚毛保护着，防止它们被尘土堵塞。
犀金龟的触须上布满了具有感觉功能的纤毛，能够探测到微量的化学物质，就像其他动物的鼻子和舌头一样。

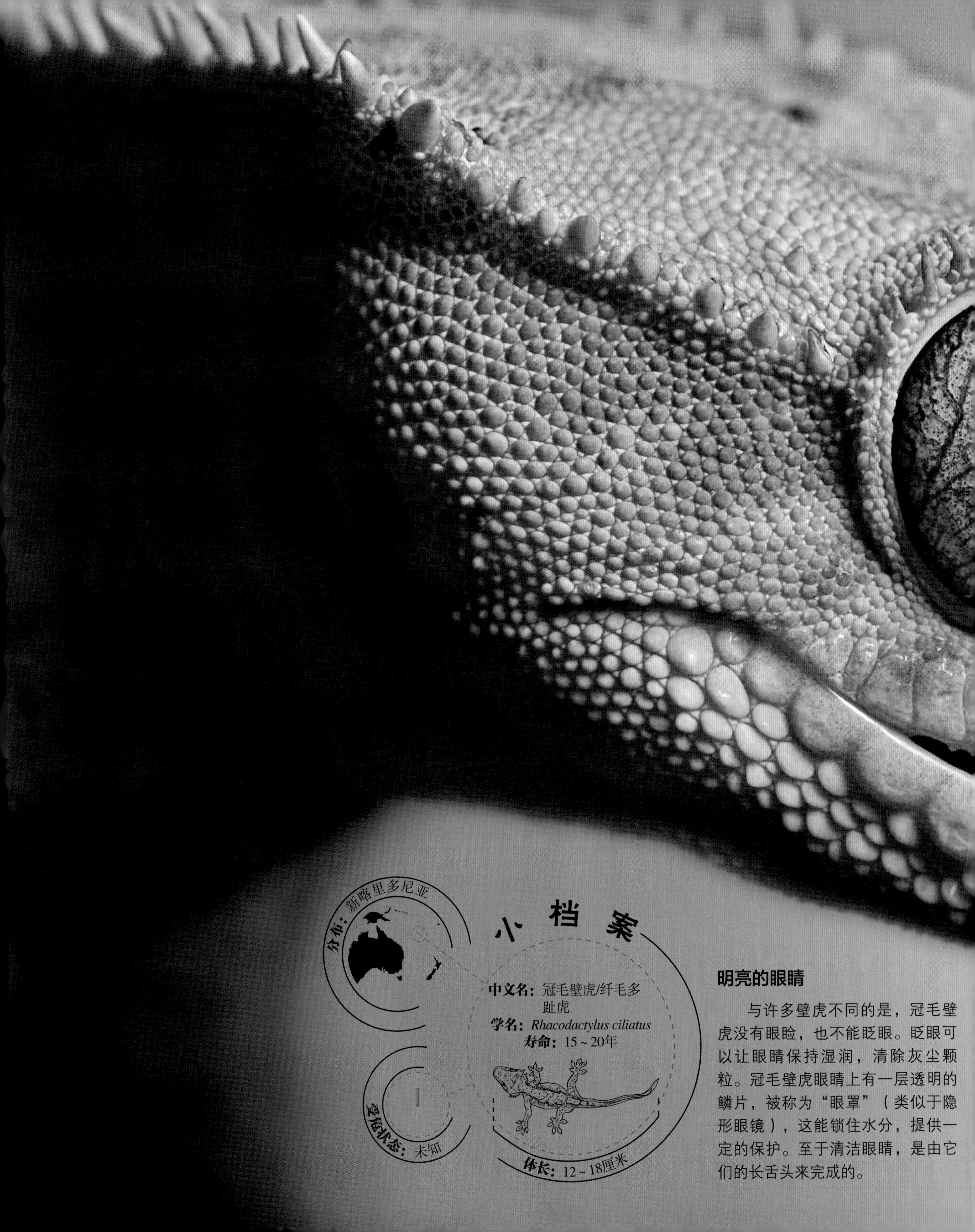

小档案

分布：新喀里多尼亚

中文名：冠毛壁虎/纤毛多趾虎

学名：*Rhacodactylus ciliatus*

寿命：15~20年

受危状态：未知

体长：12~18厘米

明亮的眼睛

与许多壁虎不同的是，冠毛壁虎没有眼睑，也不能眨眼。眨眼可以让眼睛保持湿润，清除灰尘颗粒。冠毛壁虎眼睛上有一层透明的鳞片，被称为“眼罩”（类似于隐形眼镜），这能锁住水分，提供一定的保护。至于清洁眼睛，是由它们的长舌头来完成的。

冠毛壁虎

二十年前，环保主义者以为这种小型爬行动物已经绝种了。但在1994年，在南太平洋的新喀里多尼亚群岛上又发现了它们的身影。它们特别适合圈养，是爬行动物爱好者非常喜爱的宠物。它们的野外种群仍然面临着诸多挑战。最大的挑战来自于被人带到岛上的火蚁。这些火蚁与冠毛壁虎争夺食物，甚至还能把它们咬死。

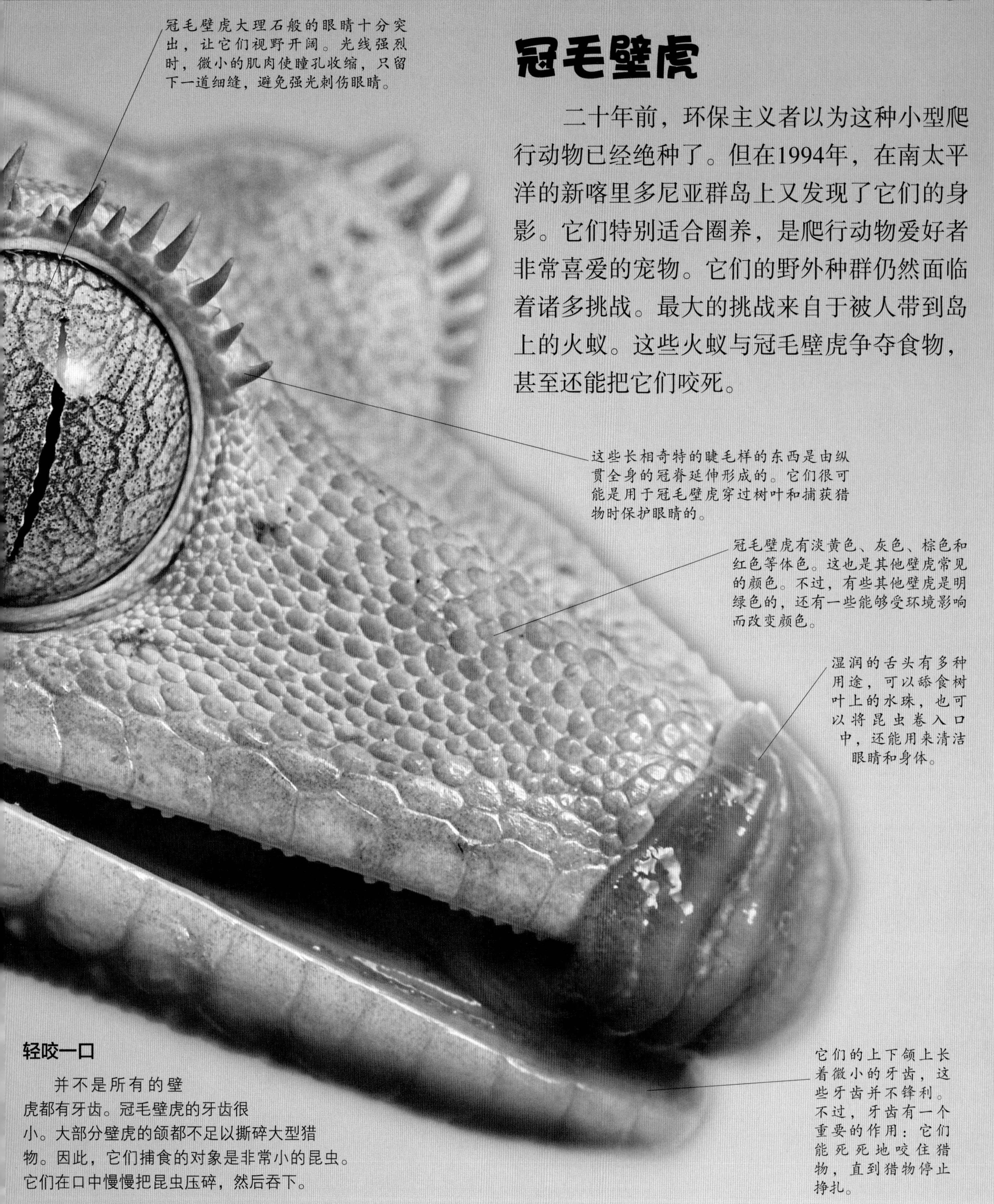

冠毛壁虎大理石般的眼睛十分突出，让它们视野开阔。光线强烈时，微小的肌肉使瞳孔收缩，只留下一道细缝，避免强光刺伤眼睛。

这些长相奇特的睫毛样的东西是由纵贯全身的冠脊延伸形成的。它们很可能是用于冠毛壁虎穿过树叶和捕获猎物时保护眼睛的。

冠毛壁虎有淡黄色、灰色、棕色和红色等体色。这也是其他壁虎常见的颜色。不过，有些其他壁虎是明绿色的，还有一些能够受环境影响而改变颜色。

湿润的舌头有多种用途，可以舔食树叶上的水珠，也可以将昆虫卷入口中，还能用来清洁眼睛和身体。

它们的上下颌上长着微小的牙齿，这些牙齿并不锋利。不过，牙齿有一个重要的作用：它们能死死地咬住猎物，直到猎物停止挣扎。

轻咬一口

并不是所有的壁虎都有牙齿。冠毛壁虎的牙齿很小。大部分壁虎的颌都不足以撕碎大型猎物。因此，它们捕食的对象是非常小的昆虫。它们在口中慢慢把昆虫压碎，然后吞下。

刺 猬

你一定不会把刺猬与其他生活在欧洲的哺乳动物搞混。它们是一个古老的物种，与鼩鼱和鼹鼠有较远的亲缘关系。除了奇特的长相外，它们还有许多特点能博得人们的欢心：它们容易照看，喜欢被喂养（最好是干燥的猫粮，而牛奶不行），能在花园中提供清除害虫的服务，蜗牛和蛞蝓是它们的美餐。

小档案

分布：西欧

中文名：普通刺猬/欧洲猬

学名：*Erinaceus europaeus*

寿命：4～10年

受危状态：低危

体长：20～30厘米

冬眠

秋末，刺猬会找一个安全但通风良好的地方，如密实的篱笆或茂密的树丛中，开始冬眠。刺猬在冬眠时处于一种极其不活跃的状态，这是为了在食物短缺时节省能量。刺猬平时的体温是35℃，冬眠时，它们的体温会下降以适应周围的环境，一直下降到冰点之上一点儿。它们的心率会下降到每分钟12次，呼吸频率也会大幅降低。冬眠期间，它们的体重会下降三分之一。

蜷缩起来

刺猬的身上有一圈肌肉，收紧的时候，能把松弛的皮肤像一个有拉绳的背包一样拉紧。同时，背部的刺直立起来，让它们变成一个刺球。很少能有捕食者懂得如何打开这个刺球。不过，这不能帮它们在车轮下逃生。

刺猬身上经常有跳蚤。不过，这种跳蚤在狗、猫和人等其他动物身上是没有办法存活的。

刺猬的眼睛非常小，分辨颜色的能力也很差。不过，它们的听觉和嗅觉很好。

刺猬以无脊椎动物为食，如甲虫、蛞蝓和蜗牛。它们依靠嗅觉发现猎物。它们黑色的鼻子总是潮乎乎的，时刻不停地在忙碌着。实际上，通常你都是先听到它们发出的声音，然后再看到它们的身影。它们用鼻子闻东西时发出的声音通常会暴露它们在灌木丛中的行踪。

刺猬的腿隐藏在身体下。它们的腿很长，跑起来的速度和人走路的速度差不多。它们的脚上长着爪子，可以用来挖洞。

每一根刺其实都是一根变粗、变硬的毛发。它们和其他所有哺乳动物的毛发一样，也是由角蛋白构成的。

刺猬能收缩皮肤上的小块肌肉让它们的刺直立起来。人起鸡皮疙瘩以及发狂的狗脖子上的毛能直立起来，也是因为类似的机制。这是由于恐惧和焦虑导致的。

浑身白沫的刺猬

人们注意到刺猬有时会吐白沫，因此担心它们病了。实际上，这是一种正常行为。刺猬口中分泌大量泡沫状的唾液，然后把它们涂抹在自己的刺上。这种自己涂唾沫的行为似乎是受到外界新气味的刺激而发生的。但是动物学家对于它们的真实意图一直非常困惑。

成年刺猬有5000~7000根刺。与豪猪容易脱落的刺不同，这些刺都牢牢地嵌入皮肤之内，不会轻易掉下来。

骆驼蜘蛛

和这个物种相遇对那些害怕蜘蛛的人可是一种真正的考验。与它们有关的恐怖遭遇和可怕故事都是由于它们怪异的外表造成的，其实大部分都是被夸大的。骆驼蜘蛛并没有毒，也不会跳起来攻击骆驼和人类。它们只吃白蚁和其他无脊椎动物。虽然被称为骆驼蜘蛛或避日蛛，但它们根本就不是蜘蛛，实际上是一种适宜沙漠生存的蛛形纲动物，更确切的名字是“避日虫”。

骆驼蜘蛛全身布满了硬毛，帮助这种夜行动物在黑暗中探路，就像有些动物的胡须一样。

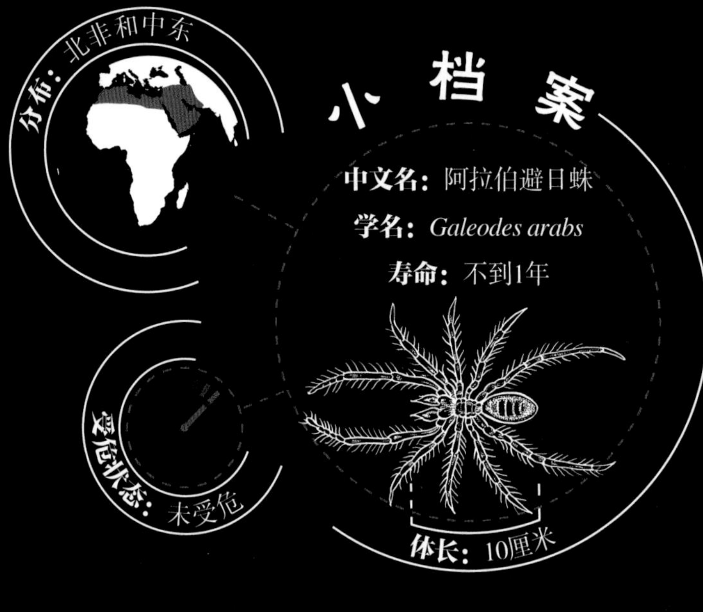

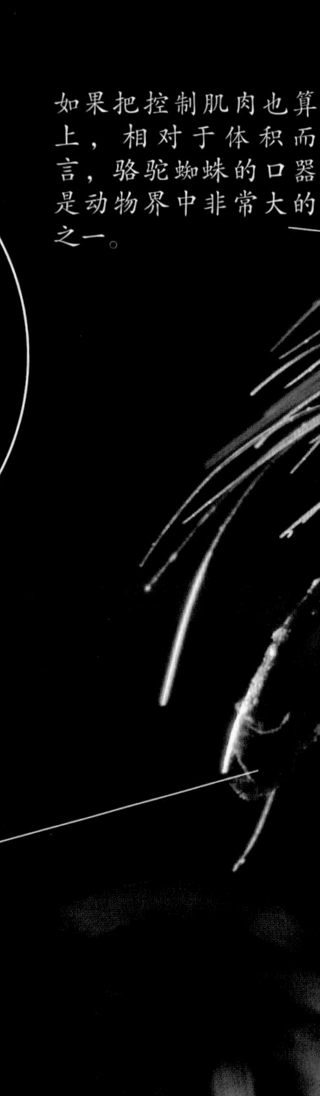

如果把控制肌肉也算上，相对于体积而言，骆驼蜘蛛的口器是动物界中非常大的之一。

它们的螯肢像钳子一样，能够用来与猎物搏斗，然后把它们捣成糊状，再慢慢吃掉。骆驼蜘蛛常把猎物坚硬的部分扔掉，然后把其余的部分弄成糊状，这样就很容易被它们吸掉，也容易消化。它们有时还会摩擦螯肢，发出一种微弱的声音，有点像蝗虫的叫声。

多余的腿？

避日虫看起来像是有十条腿的蜘蛛，但是只有最后三对才是用来奔跑的。最前面的一对并不是真正的腿，其实是须肢。须肢的末端有黏性的吸盘，用来攀爬光滑的表面和困住猎物。再后面的一对是真正的腿，但被用作感觉器官，在它们行走的过程中常常被举在空中。

一只雌骆驼蜘蛛

寄居蟹

与真正的蟹类有所不同，寄居蟹的身体又长又软。不过，它们非常聪明，把它们柔弱的身体后部挤进一个空贝壳中，这就是它们的移动房间。在长大的过程中，它们要经常搬家，这可是一件充满冒险和压力的事情。大量的寄居蟹常常生活在一起。当我在印度尼西亚的海滩见到这两只寄居蟹时，周围还有成千上万只寄居蟹。

寄居贝壳的形状和颜色对它们来说并不重要，重要的是大小适宜，并且要向右旋转，这样才和它们的体型一致。不过，幸运的是，向左旋转的贝壳是非常少见的。否则，它们可就难受了。

寄居蟹的五对腿中只有三对露在外面。第一对像巨大的钳子一样。第二对和第三对很长，有细长的足尖，特别适合在凹凸不平的海底爬行。

寄居蟹的螯肢像一把钳子，看起来非常坚硬有力，但在战斗中很少使用。左侧的一只比右侧的要大得多，用来发出信号、撕碎食物和用作盾牌，在它们受到威胁时堵住壳口，保护贝壳内柔软的身体。

移动之家

大部分寄居蟹利用空的海螺壳来保护自己柔软的腹部，但是它们也有许多其他选择：蛤的贝壳、空竹筒，甚至它们还会去尝试塑料瓶。理想的贝壳通常都会引发争斗。寄居蟹通常会找一个自己能控制的最大的房子，这样可以让它们看起来更大、更强壮。在争夺食物和配偶的过程中，较小的寄居蟹有时能成功地吓唬住比它们更强大的对手，往往就是因为它们的房子更大些。

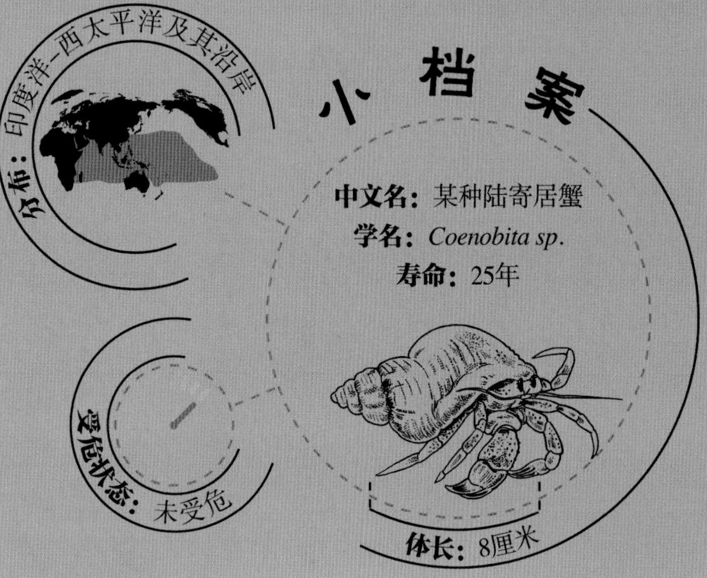

小档案

分布：印度洋–西太平洋及其沿岸

中文名：某种陆寄居蟹

学名：*Coenobita sp.*

寿命：25年

受危状态：未受危

体长：8厘米

不同种类的寄居蟹

寄居蟹有数百个物种，大部分终生生活在海里。不过，图片上这种属于陆寄居蟹这一类。它们已经进化出了与甲壳纲动物类似的肺——也就是它们被包裹着的鳃。只要在潮湿的环境中，它们的鳃就能保持湿润和健康，就能正常工作。

寄居蟹的视力很好，晚上也能看得很清楚。夜行的生活方式让它们避开了炎热的阳光。阳光有可能晒干它们脆弱的鳃，因而是巨大的威胁。

寄居蟹的第四对和第五对腿比前面的腿要小得多，经常缩在壳内。这些腿可以抓握住空贝壳，也能用来清理壳里的泥沙和碎屑。

寄居蟹有六对不同的口器，每一对都分别执行不同的功能：抓握、感知、品尝、剪切、捣碎和填塞。这些口器仿佛是12把不同的刀具来协助它们吃东西。

寄居蟹有两对触角，一对长些，一对短些。这些精心配置的感觉器官能帮它们感知环境、测试食物、感知空气和水的震动。

年幼的草蛇

除爱尔兰和斯堪的纳维亚半岛北部外，草蛇在欧洲是非常常见的。不过，它们是很害羞的动物，所以非常罕见。雌性草蛇能长到3米以上。草蛇对人是无害的。它们巨大的身材和脖子处的一圈黄色使它们和有毒的蝰蛇区别很明显。草蛇的瞳孔是圆形的，这让它们看起来不是那么凶恶；而蝰蛇的瞳孔是竖条形的，这是毒蛇的典型特征。图片上这条草蛇刚出生才几天。它们刚孵化出来时，体长大约16厘米。

钟爱游泳

草蛇也被称为“水游蛇”，这个名字倒是名副其实，因为它们通常都是在池塘和小溪旁出没。水对于幼年草蛇尤其重要，因为它们容易脱水。草蛇专门捕食两栖动物，如青蛙和蝾螈。一只蝌蚪可以成为不错的零食，而进食一只成年青蛙能让它们几个月不再取食。草蛇整个吞食它们的猎物。

草蛇的鳞片是光滑、闪亮的。它们摸起来凉凉的，像被抛光了一样，毫无黏稠的感觉。

草蛇幼年时鳞片上常带有蓝色，但随着它们蜕皮长大，蓝色也会消退。

以假乱真

草蛇是表演高手。受到威胁时，它们的第一反应是立起身子，假装要攻击，就像是毒蛇一样。如果这还不足以吓退攻击者，它们便会侧翻在地，张开嘴巴，垂下舌头，像死了一样。你去碰它们，它们也不会逃走。它们的最后一招是从尾巴附近的一个腺体中释放出一种让人倒胃口的臭气。这足以让大部分捕食者失去胃口，丢下它们，去寻找其他不太恶心的食物。敌人走后，草蛇便神奇复活，继续前行，毫发无损。

草蛇的眼睛明亮，在较近的范围内它们拥有良好的视力，特别善于发现运动的东西。它们的眼睛上有一层透明的鳞片，被称为“眼罩”。当蛇要蜕皮时，它们的“眼罩”会变成乳白色，然后随其余皮肤一起蜕掉。

草蛇的舌头分叉，呈深蓝色。草蛇不停地将舌头伸出，收集来自空气和水中的气味微粒，并把它们传递给口中的嗅觉感觉器官——犁鼻器。

草蛇通过鼻孔呼吸。不过，对于嗅觉来说，它们的作用比不上舌头。

草蛇的全身都对地面的震动非常敏感。草蛇借此来感觉捕食者和猎物的靠近。

图片上这样的幼年草蛇每隔几个月就要蜕皮一次。随着年龄的增加，两次蜕皮之间的间隔会慢慢延长。成年雄性草蛇每年蜕皮两次，而雌性只有一次。

伏翼蝙蝠

我发现这个躁动不安的小家伙时，它正紧贴在一个树皮的豁口处。我尽快给它拍了照，赶紧离开。很明显，它对于外来的打扰非常恼怒，不停地发出嘶嘶声。几年前，这个物种被称作“伏翼”。但是，在1997年，动物学家意识到当初他们认为的一个蝙蝠物种其实是两个物种。它们看起来几乎完全相同，只能通过叫声才能把它们区分开。它们叫声的频率不同。频率高的那种被称为“高音伏翼”，频率低的那种被称为“普通伏翼”。

栖息地

雌伏翼通常结成大群栖息在树洞或屋顶中。在夏季，这些地方变成了繁忙的育儿所。雌伏翼在这些地方哺育后代。雄伏翼通常独居或结成较小的群体生活在一起。但是，冬天时，雌雄伏翼会聚在一起生活，有的群体能达到10万只。

尽管伏翼的毛密实、柔软，但它们的个头只有老鼠一样大，热量散失很快。而且，它们飞行时要消耗大量的热量。这就意味着它们食量巨大。一只伏翼每天晚上需捕食3000只昆虫。

到底有多小?

蝙蝠是地球上最小、最轻的哺乳动物类群。成年伏翼的体重大约为6克，能挤过直径15毫米的空隙。不过，与泰国的大黄蜂蝠比较起来，它们算是重的了。大黄蜂蝠体重仅有2克，它们也是世界上最小的哺乳动物。

伏翼硕大的耳朵对声音非常敏感，它们能捕捉昆虫飞行时微弱的回声，如蚊子、蠓和蛾等。

凭声而见

蝙蝠并非没有视力，但是在漆黑的夜里，这些夜行动物不得不依靠声音来探路，这种方法被称为回声定位。蝙蝠发出高频率的特殊叫声，这些叫声遇到周围的物体便反射回来，产生回声。蝙蝠硕大的耳朵收到这些回声后把它们传给大脑，大脑便能给周围的环境构建出一张声音影像图，当然它们的猎物也在其中。这确实是一项了不起的技能。

伏翼像针一样细小的牙齿能咬碎昆虫，使它们立刻毙命。伏翼的进食大部分都是在飞行过程中完成的。不可食用的部分，如昆虫的翅膀，便直接被丢掉。

蝙蝠翅膀中的骨头和人的手骨一样。四根指骨形成一个细长的支架，就像伞支架一样。骨头之间由薄薄的皮肤（翼膜）相连。

震耳欲聋的尖叫

伏翼这样的小型蝙蝠属于动物学家所称的“*Vespertilionidae*（蝙蝠科）”这一类群。“*Vespertilionidae*”一词来源于拉丁语，意思是“夜晚”，因为它们总是昼伏夜出。我们听不到蝙蝠的回声定位声波，但是它们可算不得“安静”。伏翼正常的叫声可达120分贝，这就好比是在你耳朵旁边拉响火灾警报。但是，当伏翼在我们头顶飞过时，我们并没有听到震耳欲聋的声音，因为它们这时的叫声属于超声波，是在我们可听到的声波的范围之外。儿童的听觉比成年人的更敏感，有时能听到蝙蝠的叫声，好像是微弱的咔哒声。

刺鱼晚餐

这个屠杀的场面提醒我，生存斗争在哪里都是一样的。在我办公室附近的池塘里所上演的紧张和冲突，与在非洲平原、亚洲和南美洲丛林或者鲨鱼出没的海洋中所发生的那些没有什么区别，都是一样的惊心动魄。图中这一对是棋逢对手。刺鱼光滑、敏捷、有骨片和尖刺保护。换做另一天，它也许能够逃过水螳螂的捕杀，或是吃掉后者的卵和幼虫。不过今天，这只无脊椎动物是获胜者。它们利用神不知鬼不觉的敏捷身手和一击即中的精确度找到了刺鱼防御系统中的漏洞。

鱼类体侧的侧线是感觉器官。侧线中的感觉细胞能感知震动和水的流动，这能让它们判断其他动物的行动。

这条刺鱼是三刺鱼。它们的棘刺能够在它们面对一些大型捕食者时提供保护，咬伤一口会给它们留下痛苦的记忆。但是，水螳螂却能轻易避开这些棘刺。

溺爱的父亲

雄刺鱼为了吸引伴侣可以说是使出浑身解数。它们搭建巢穴，跳起热情的求爱舞，赶走竞争对手，承担所有的育儿工作。它们精心地照看卵，不停地扇动鱼鳍，让充满氧气的新鲜水流在卵的表面流过，还负责保持卵的清洁。

刺鱼大大的眼睛能在昏暗的水下世界看清周围环境，但是水螳螂的伪装却可以让它们成功躲避刺鱼的注意。

水螳螂的口器愈合在一起，形成了针一样的武器，被称作“刺吸式口器”。水螳螂用它们来刺杀猎物。刺吸式口器也同时是一根进食的吸管，通过它来吸食液体。

刺鱼的体侧被骨片保护着。淡水中的刺鱼有不到10块骨片，但是生活在海水中的刺鱼却可能有多达40块骨板。

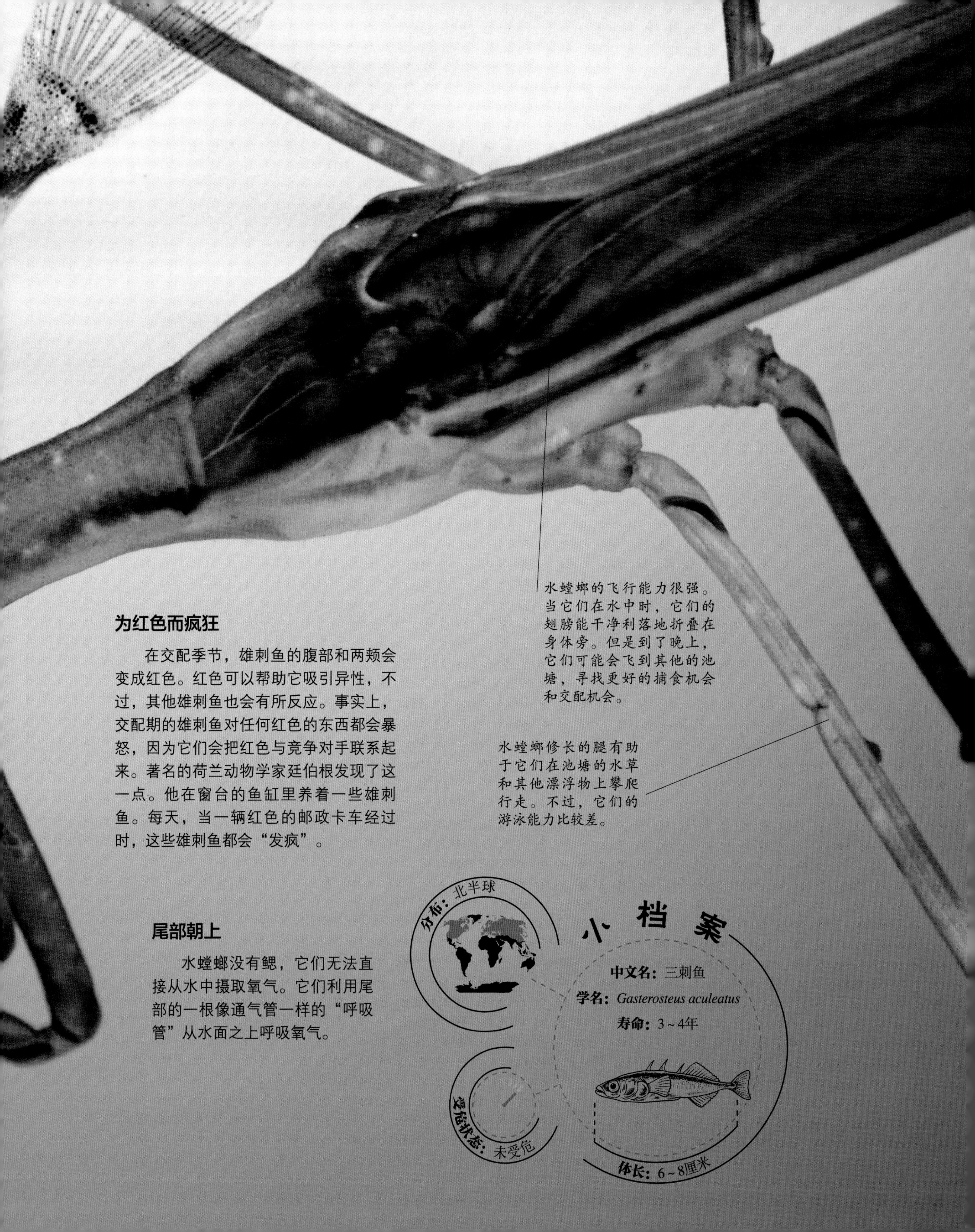

水螳螂的飞行能力很强。当它们在水中时，它们的翅膀能干净利落地折叠在身体旁。但是到了晚上，它们可能会飞到其他的池塘，寻找更好的捕食机会和交配机会。

水螳螂修长的腿有助于它们在池塘的水草和其他漂浮物上攀爬行走。不过，它们的游泳能力比较差。

为红色而疯狂

在交配季节，雄刺鱼的腹部和两颊会变成红色。红色可以帮助它吸引异性，不过，其他雄刺鱼也会有所反应。事实上，交配期的雄刺鱼对任何红色的东西都会暴怒，因为它们会把红色与竞争对手联系起来。著名的荷兰动物学家廷伯根发现了这一点。他在窗台的鱼缸里养着一些雄刺鱼。每天，当一辆红色的邮政卡车经过时，这些雄刺鱼都会“发疯”。

尾部朝上

水螳螂没有鳃，它们无法直接从水中摄取氧气。它们利用尾部的一根像通气管一样的“呼吸管”从水面之上呼吸氧气。

小档案

分布：北半球

中文名：三刺鱼

学名：*Gasterosteus aculeatus*

寿命：3～4年

受危状态：未受危

体长：6～8厘米

壁虎的抓附

壁虎能够爬上像玻璃一样光滑的竖直表面，甚至能在天花板上倒挂着行走，就和地面上一样。壁虎完成这些时，完全没有借助吸盘或黏液，它们的灵活性似乎是天生的。壁虎在人们家里很受欢迎，因为它们的食物是有害的昆虫，有些还是能传播疾病的昆虫。据传说，室内有壁虎还能带来好运。壁虎的叫声也被当成好运的标志。在屋外，人们经常见到它们在岩石或原木上晒太阳。它们生活在缝隙或茂密的植物之中。

多数壁虎物种的尾部是锥形的，差不多与身体其余部分等长。还有一些壁虎的尾巴短粗，被称为“球棒尾”。

食物充足时，壁虎会在尾部积蓄脂肪，这能帮助它们在食物短缺时应付度日。

这只西奈斑趾壁虎的每个脚趾上有两个布满褶皱的脚垫。额外加大的接触表面为壁虎提供了超强的抓握力。

大部分壁虎物种在失去尾巴后都能再生一个新尾巴，这一过程通常需要几周的时间。新尾巴通常与身体其他部分颜色不一样，里面含有软骨，而不是骨头。

壁虎尾巴基部有特殊的薄弱之处。如果壁虎被捕食者抓住，它能自行折断尾巴。断掉的尾巴还能继续扭动，分散捕食者的注意力，为壁虎的逃跑争取时间。残余尾巴的血管会封闭起来，防止它们失血而死。

壁虎的脚趾很长，并且非常分散。这能保证在不平的表面上时，每只脚至少有一两个脚趾能找到牢固的附着点。

壁虎的叫声

我们经常认为爬行动物是不出声的。但壁虎可不是默不作声的动物，它们利用叫声来吸引异性或警告闯入领地的竞争对手。壁虎的叫声因物种不同而有所不同。有些像虫子的叫声，有些像咔哒声，还有些能发出大声的咯咯声和汪汪声。它们的英文名字“gecko”就是模拟有些亚洲物种的声音而创造出来的。

带毛的脚趾

壁虎脚趾下方布满了几十万根微小的像刷子一样的结构——刚毛。每根刚毛的末端又分为100～1000根绒毛。每根绒毛的结构都像一把微型的小铲子，能够紧紧地吸附在壁虎攀爬的表面。它们与表面接触得非常紧密，每根铲状绒毛与墙体贴附的力量就像分子间的微小作用力一样，被称为“范德华力”。这就是壁虎能够飞檐走壁的原因。

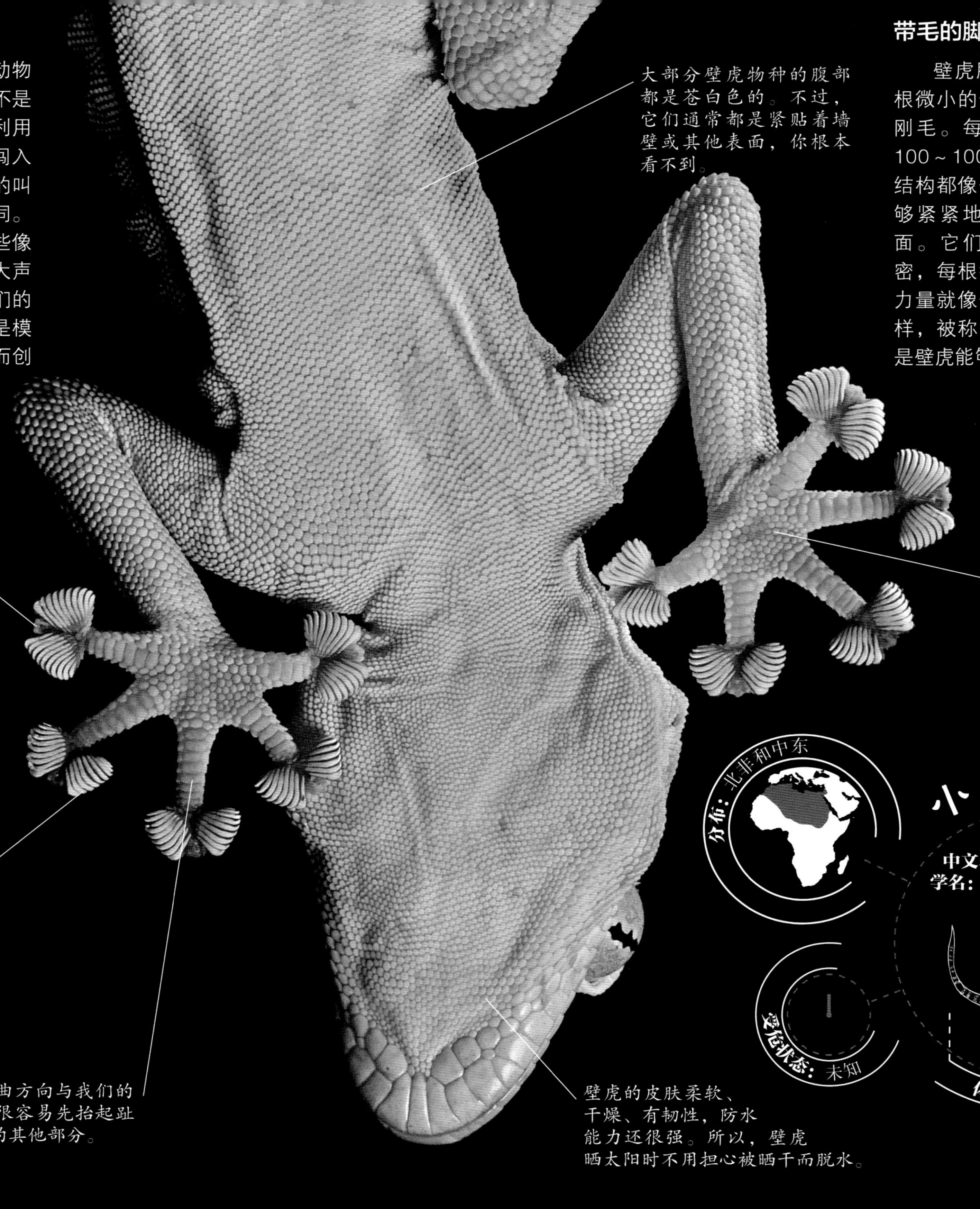

大部分壁虎物种的腹部都是苍白色的。不过，它们通常都是紧贴着墙壁或其他表面，你根本看不到。

有些壁虎的爪子能够收缩。

壁虎极强的抓附能力让它不容易从墙上掉落下来。不过，它从一个紧贴的表面抬脚也并不容易。需要转移自己时，它必须要抽回每一个脚趾，就像是从一端打开一个维可牢尼龙搭扣一样。不过，它的动作很快，我们的肉眼通常捕捉不到打开的细节。

壁虎特别需要保持脚掌洁净，因为尘土会对它们的吸附能力造成干扰。它们鳞片样的皮肤没有黏性，所以并不容易沾染灰尘。

小档案

分布：北非和中东

中文名：西奈斑趾壁虎
学名：*Ptyodactylus guttatus*
寿命：8年

受危状态：未知

体长：11～13厘米

壁虎脚趾的关节弯曲方向与我们的相反，这能让它们很容易先抬起趾尖，然后才是脚趾的其他部分。

壁虎的皮肤柔软、干燥、有韧性，防水能力还很强。所以，壁虎晒太阳时不用担心被晒干而脱水。

胡锦鸟

这只胡锦鸟确实与众不同，它颜色鲜艳，而且身上有些颜色人眼都看不到。这个物种的雄性有三种天生的颜色（变种）。最常见的一种头呈黑色，头呈黄色的是最少见的，红头胡锦鸟则最引人注目。它们好像自己也知道这一点，经常对颜色差些的竞争者发号施令。只有特别健康的雄性才能保持鲜红的羽毛。

数量下降

胡锦鸟很受饲养者的青睐，它们还有一个名字——七彩文鸟。全世界有数以万计的胡锦鸟被人养在家中。不过，这个数字背后却隐藏着一个可悲的事实——这个物种在野外正在走向灭绝。现存成年鸟的数量仅有不到1万只。它们的减少是澳大利亚畜牧业造成的。牛羊的大量养殖造成了较早产籽草类的减少，因此造成了它们在春天时的食物短缺。

胡锦鸟属于雀形目。雀形目鸟类的足能够抓握小树枝，而且带钩的爪子还能轻松地抓住竖直的树干。

锹甲的缠斗

进化能够对动物的身体施展非凡的作用，这些甲虫确实是不可思议的进化奇迹之一。它们的雄性（如图）有大得离奇的“角”。它们是动物学家所称的“性选择”的结果。硕大的“角”让它们赢得交配对象的可能性更大，因此这一特征得到了强化。全世界大约有1200种锹甲，图中这种产自印度尼西亚。

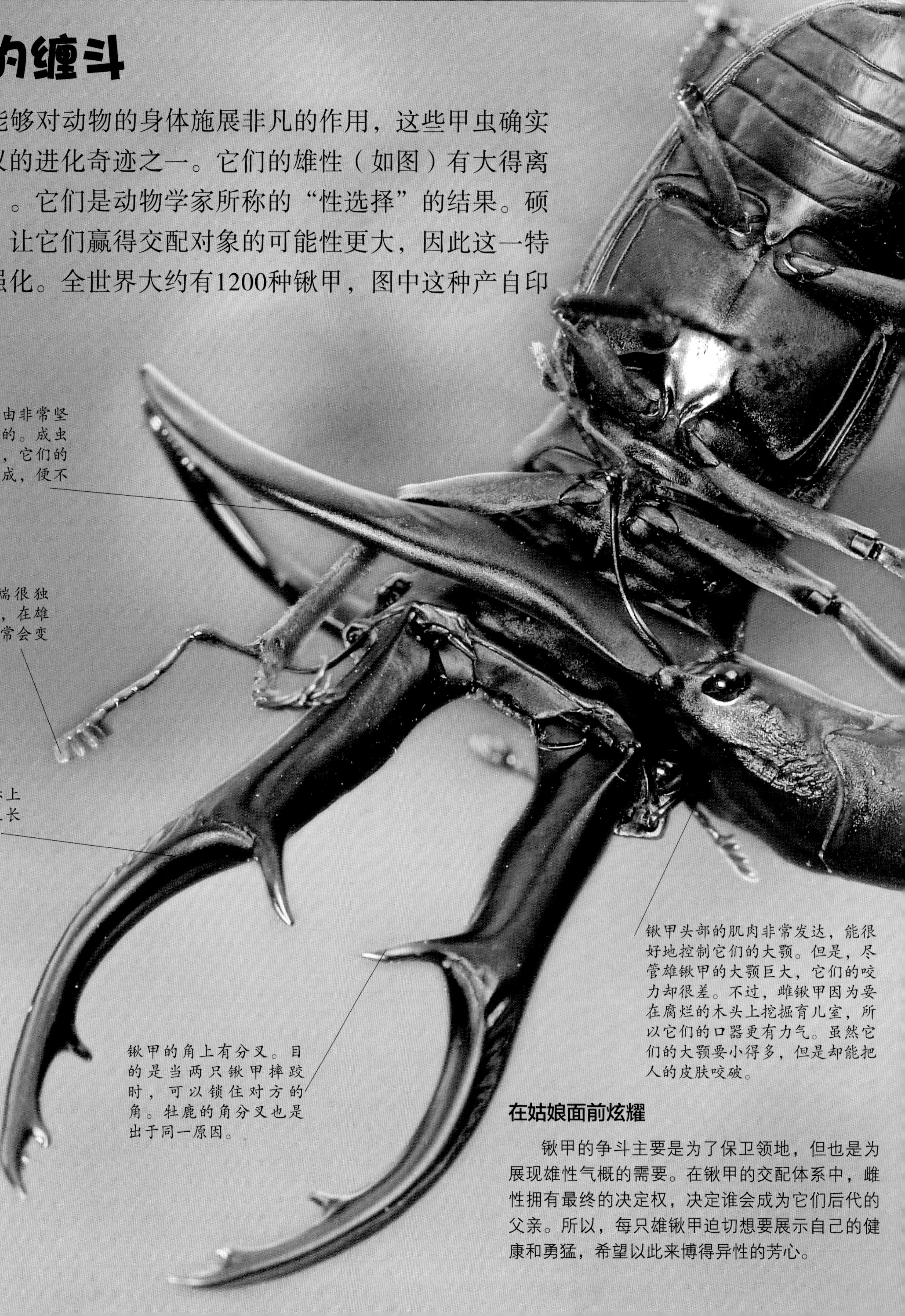

锹甲的外骨骼是由非常坚硬的几丁质构成的。成虫不能蜕皮。所以，它们的变态过程一旦完成，便不能再长大。

它们的触角末端很独特，是扁平状的，在雄性间的争斗时经常会变弯或折断。

雄锹甲的角实际上是由大颚过度生长演变而来的。

锹甲的角上有分叉。目的是当两只锹甲摔跤时，可以锁住对方的角。牡鹿的角分叉也是出于同一原因。

锹甲头部的肌肉非常发达，能很好地控制它们的大颚。但是，尽管雄锹甲的大颚巨大，它们的咬力却很差。不过，雌锹甲因为要在腐烂的木头上挖掘育儿室，所以它们的口器更有力气。虽然它们的大颚要小得多，但是却能把人的皮肤咬破。

在姑娘面前炫耀

锹甲的争斗主要是为了保卫领地，但也是为展现雄性气概的需要。在锹甲的交配体系中，雌性拥有最终的决定权，决定谁会成为它们后代的父亲。所以，每只雄锹甲迫切想要展示自己的健康和勇猛，希望以此来博得异性的芳心。

长寿的蛆虫

和许多其他昆虫一样，锹甲生命中更多的时间是饥饿的幼虫。雌锹甲把卵产在腐朽的木头之中，在那里它们的幼虫一直要吃上几年才能发育成熟。

这只锹甲即将要被放倒在地，屈辱地落败。它倒不会严重受伤，不过，未来在挑选挑战对象时，它就要更加小心了。

锹甲细长的腿的末端有爪子，爪子看起来很脆弱，但实际上非常强壮。图中这只锹甲单凭四条腿就能支撑它自己和对手的体重。它的腿像钩子一样，紧紧抓在树皮上。

锹甲脆弱的后翅被干净利落地折叠在前翅之下。后者形成了一个坚固的保护套——翅鞘。

海月水母

这种简单生物属于刺胞动物，与海葵和珊瑚虫属于同一类群。它们半透明的身体让人们可以清晰地看到这种无头、无脑、无循环、无骨骼、无皮肤的动物是如何运转的。不过，不要被它们的简单外表欺骗了，这种简单的身体构造已经成功运行5亿年了。水母是地球上生存非常成功的动物之一。而且，它们也是非常高效的捕食者之一，能够捕食许多比它们更高级、形式更复杂的生命。

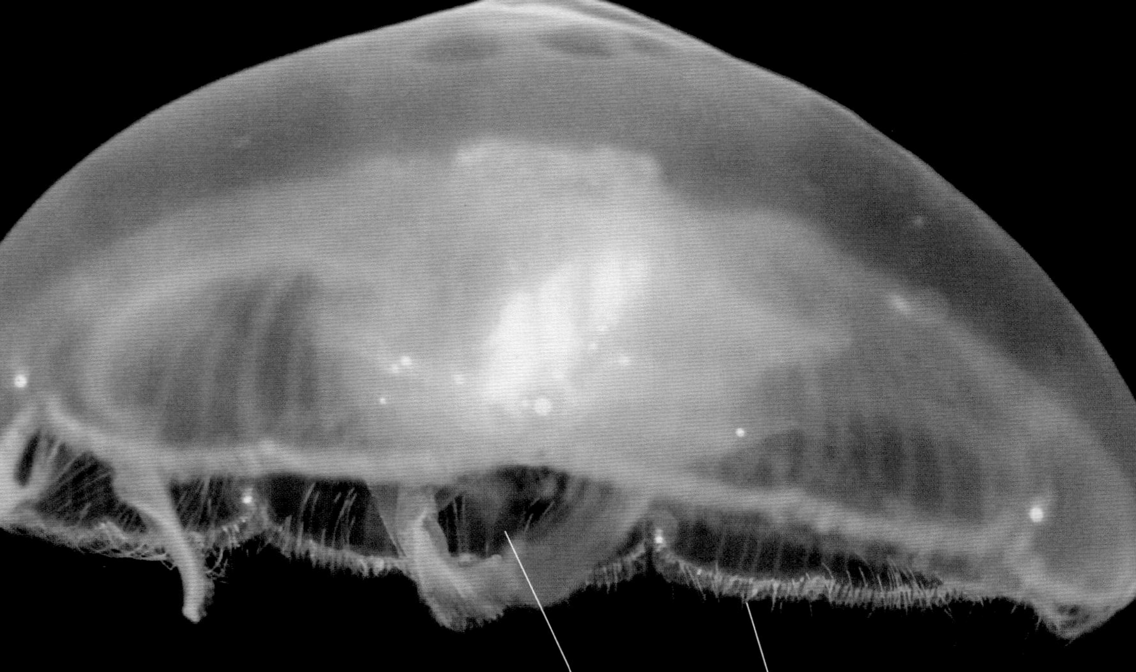

水母钟状身体的边缘分布着极短、极细的能蜇刺的触手。

水母的口呈漏斗状，被称为“垂唇”，中间有向下的开口。口通向内腔。内腔有四个简单的胃，被称为“胃囊”。

美丽的危险

刺胞动物的学名“*Cnidaria*”一词来源于希腊语“*cnid*”，意思是“荨麻”。荨麻是一种长着毒刺的植物。而水母用毒液捕食猎物并自我保护。蜇刺是由被称为“刺细胞”的特殊细胞执行的。刺细胞分布在水母全身，但是在触手处更集中。受到触碰之后，刺细胞会释放出一个微小的毒针，刺入猎物或天敌体内。海月水母的蜇刺毒性通常并不严重，大部分人根本感觉不到。不过，小鱼、小虾和浮游生物等小型动物被蜇后立刻就会死去或者变得麻痹。

这些粉红色、马蹄状的结构是生殖器官。水母把精子和卵子释放到流经口的水流中。

水母的胃囊向外辐射出许多管道，把营养物质带到全身每个部分。

水母没有鳃和肺，整个身体表面就是呼吸器官。溶解在海水中的氧气直接进入它们的身体。氧气不用任何血液或循环系统泵到需要的地方，而是直接进入细胞。

海月水母钟状身体的边缘平均分布着八个小的节点，被称为“感棍”，是水母的感觉器官。每个感棍中都含有能感知化学物质、触碰、重力和光线的感觉细胞。有了这些基本信息，海月水母便能对周围的环境作出反应。例如，它们在晚上会到水面去捕食，在白天则沉到深处。它们还依靠感棍锁定食物。

分裂的性格

水母的生命分为两个完全不同的阶段，简直就像是两种不同的生物。图片上的这个水母正处在“水母体”时期。水母体能自由移动，可以释放精子和卵子进行繁殖。受精卵发育成幼虫，成为浮浪幼体。浮浪幼体固定在海床上，发育成花状的动物，被称为“水螅体”。春天，水螅体像出芽一样产生许多碟状的水母体，被称为“碟状幼体”。碟状幼体在浮游生物间漂浮，如果能成功逃生的话（通常被其他水母吃掉），三四个月后，它们就能成熟。

海月水母的钟状身体中充满了半透明、果冻状的中胶层。它们支撑着水母的身体，构成了水母的形状。但是，离了水以后，它们再也无法做到这一点。被海水冲到岸边的水母只不过是一堆黏液而已，这一幕还是很让人叹惜的。

钟状体边缘的肌肉收缩能使水母的身体产生脉动，推进水母在海水中游动。收缩时，水从钟状体中涌出，推动水母上升。需要向下移动时，脉动停止，依靠重力使水母下降。

四个长长的附肢（口腕）从钟状体中心漂荡出来。它们经常被误当成是水母的触手。实际上，它们相当于水母的“唇”，帮助将食物引导进水母的垂唇（口）中。

小档案

中文名： 海月水母
学名： *Aurelia aurita*
寿命： 1年以上
体长： 30厘米以上
分布： 热带和温带的海洋中
受危状态： 未受危

螳螂的进餐时间

当你看到这些了不起的昆虫将巨大的前腿举在面前，一动不动的时候，你可能会想，它们难道是在祈祷吗？不过，这种攻击性很强的肉食动物更感兴趣的是“捕食”，而不是祈祷。当小型生物靠得足够近时，它们就会立刻发动袭击，将镰刀一样的前腿挥舞出去，抓住猎物，塞入口中，这一切都发生在一刹那间，即使你正盯着它看，你也根本反应不过来发生了什么。

螳螂的前腿上有锋利的刺，用来牢牢地抓住猎物。这只可怜的苍蝇毫无逃生的希望。

螳螂没有毒液对付猎物，所以它们先解决猎物的头，受害者马上会失去挣扎能力。有它们强有力的颌做保证，杀死猎物的工作能轻松搞定。

伪装大师

大部分螳螂能利用伪装，使它们与环境融为一体。很可能它们就在一步之遥，但你根本没注意到。有些螳螂物种能够改变颜色，与周围环境相配。还有一些物种的身体能够拟态不同的花、草、树叶、小树枝，甚至其他动物，如蚂蚁等。

螳螂挥舞着触角，触角上细微的感觉毛可以捕获空气中的气味微粒。

与大部分昆虫不同的是，螳螂的头十分灵活，能转动一圈，所以它们也能见到身后的东西。螳螂的眼睛对运动非常敏感，能够注意到来自各个方向的捕食者和猎物。

与哺乳动物和鸟类一样，螳螂的视觉也是立体的，这就意味着它们能够准确判断距离。它们的复眼由数百个管状的小眼构成，每个小眼外侧是一个双层的引导光线的晶状体，小眼的基部是一些感光细胞。

螳螂眼睛上的条纹和造成的旋转感也能增加它们的伪装效果。它们眼睛中间的黑点看起来像是瞳孔，实际上只是你看到的构成复眼的那些小眼的黑色基部。

危险的游戏

雌螳螂有一个著名的习性：它们有时会吃掉与它们交配的雄螳螂。这种情况在圈养的和饥饿的螳螂中尤其常见。雌螳螂需要补充营养来产下更多、更健康的卵。雄螳螂必须要小心靠近才能避免成为雌螳螂的美餐。有些雄螳螂会延长求偶舞的时间，分散雌螳螂的注意力，以此来逃过厄运。

螳螂通过前腿上的一个小孔获得听觉。它能感知超声波频率，包括捕食它们的蝙蝠的叫声。

小档案

分布：非洲中南部和东部

中文名：某种树皮螂

学名：*Tarachodes sp.*

寿命：1年

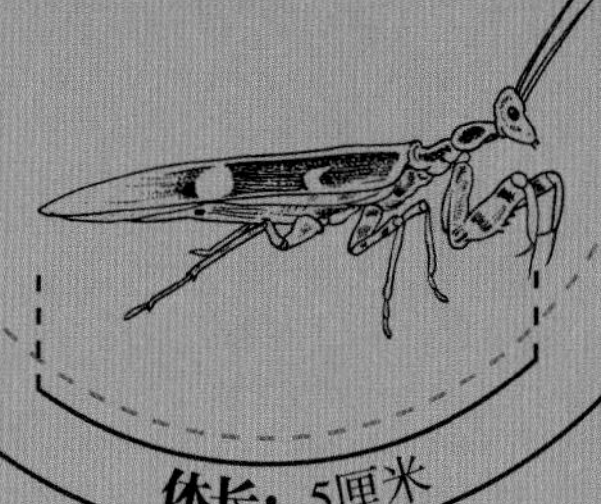

受危状态：未知

体长：5厘米

喜怒无常的高冠变色龙

高冠变色龙的两只眼睛能分别骨碌碌地转动，还拥有不可思议的捕食速度和戏剧性的颜色变化，它们不愧是神奇的生物。变色有时是为了伪装，但主要功能是交流情绪。图中这只变色龙的淡绿色体色表示它很镇静。但是，几分钟之后，当我试图把它拿起来时，它变成了代表愤怒的黑色。作为宠物，按说它已经习惯于时不时地被人摆弄。所以，它的表现说明今天它不高兴。

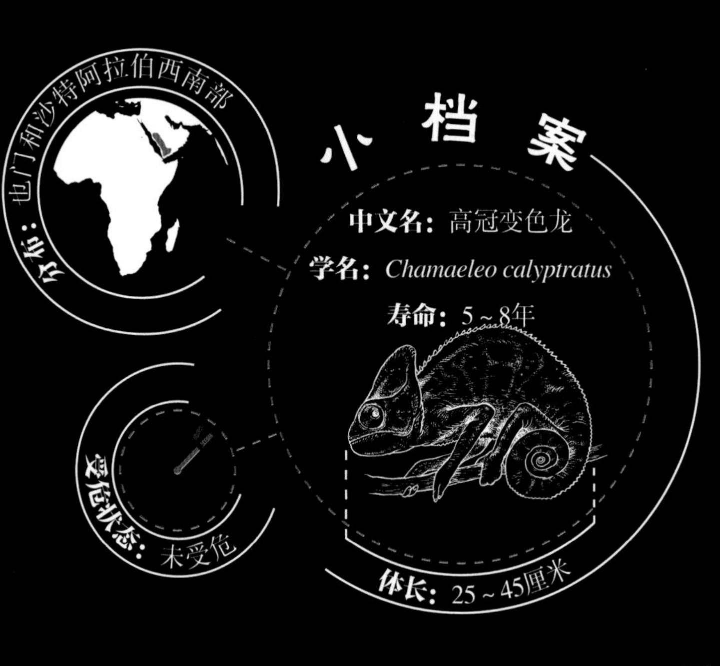

高冠变色龙机动灵活的眼睛被厚厚的眼睑包裹着，瞳孔处有小开口。双眼能在眼窝中分别独立转动。配合使用时，它们能为高冠变色龙提供360度的视角。看到猎物之后，两只眼睛都会转向猎物，为的是能更精准地判断距离。

高冠变色龙的舌头是出色的武器，能够弹射出去捕捉相当于它们体长3倍距离之外的猎物。舌头的运动是由喉部的一套肌肉和骨骼结构（舌骨器）来控制的。舌骨器能精准地弹射舌头。变色龙的舌尖黏性很强。

树顶的阔步者

高冠变色龙生活在树上。足上的五个脚趾愈合成两组，一组两个脚趾，另一组三个。这让它们能像钳子一样抓牢树枝。它们长长的逐渐变细的尾巴也可以用来缠绕树枝，以确保安全。高冠变色龙爬行速度很慢，经常停顿，尤其是在捕猎的时候。它们轻轻地左右摇摆，模仿微风中的树叶，在这种伪装术的掩护之下，它们能接近歇息中的昆虫。在到达舌头的射程范围之内时，它们便发动袭击。

高冠变色龙喉部的鳞列从下巴一直延伸到腹部，这能让它们显得更大一些。在遭遇捕食者或面对竞争者时，它们常常会侧过身子，尽可能使自己的块头显得大一些。

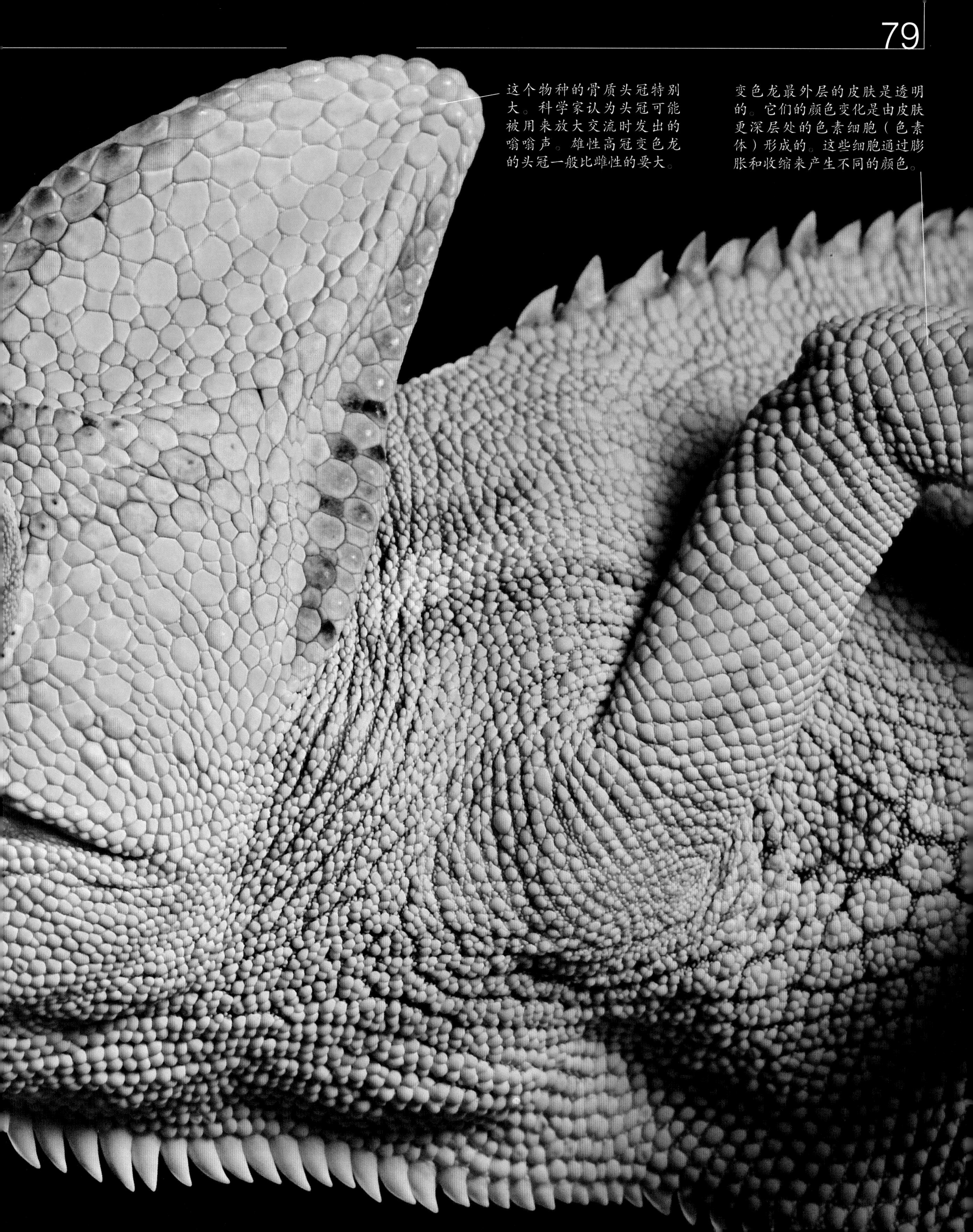

这个物种的骨质头冠特别大。科学家认为头冠可能被用来放大交流时发出的嗡嗡声。雄性高冠变色龙的头冠一般比雌性的要大。

变色龙最外层的皮肤是透明的。它们的颜色变化是由皮肤更深层处的色素细胞（色素体）形成的。这些细胞通过膨胀和收缩来产生不同的颜色。

虎 甲

来看看六条腿的捕食者中速度最快的一位吧。这种厉害的昆虫果真是名副其实，它们把奔跑速度发挥到了极致。全世界都有虎甲，不过，它们更喜欢温暖的沙地栖息地，如多沙的荒野和沙丘地带。虎甲有1400～2000个不同的物种，大小从6毫米到60毫米不等。图片上这只漂亮的虎甲，是我在法国南部发现的。拍摄它还是很棘手的，每当我偷偷靠近时，它都迅速跑开或飞到空中。

闪光的宝石

虎甲的外骨骼是它们的盔甲，非常合身，既能支撑身体，又能提供保护。它们身上的绿色和金色能在沙地环境中很好地伪装自己。阳光照射时，盔甲能闪闪发光，这也能反射一部分热量，避免体温快速上升。“虎甲”这个名字来源于它们捕猎时的凶猛和强悍，也来源于它们鞘翅上粗粗的斑纹。

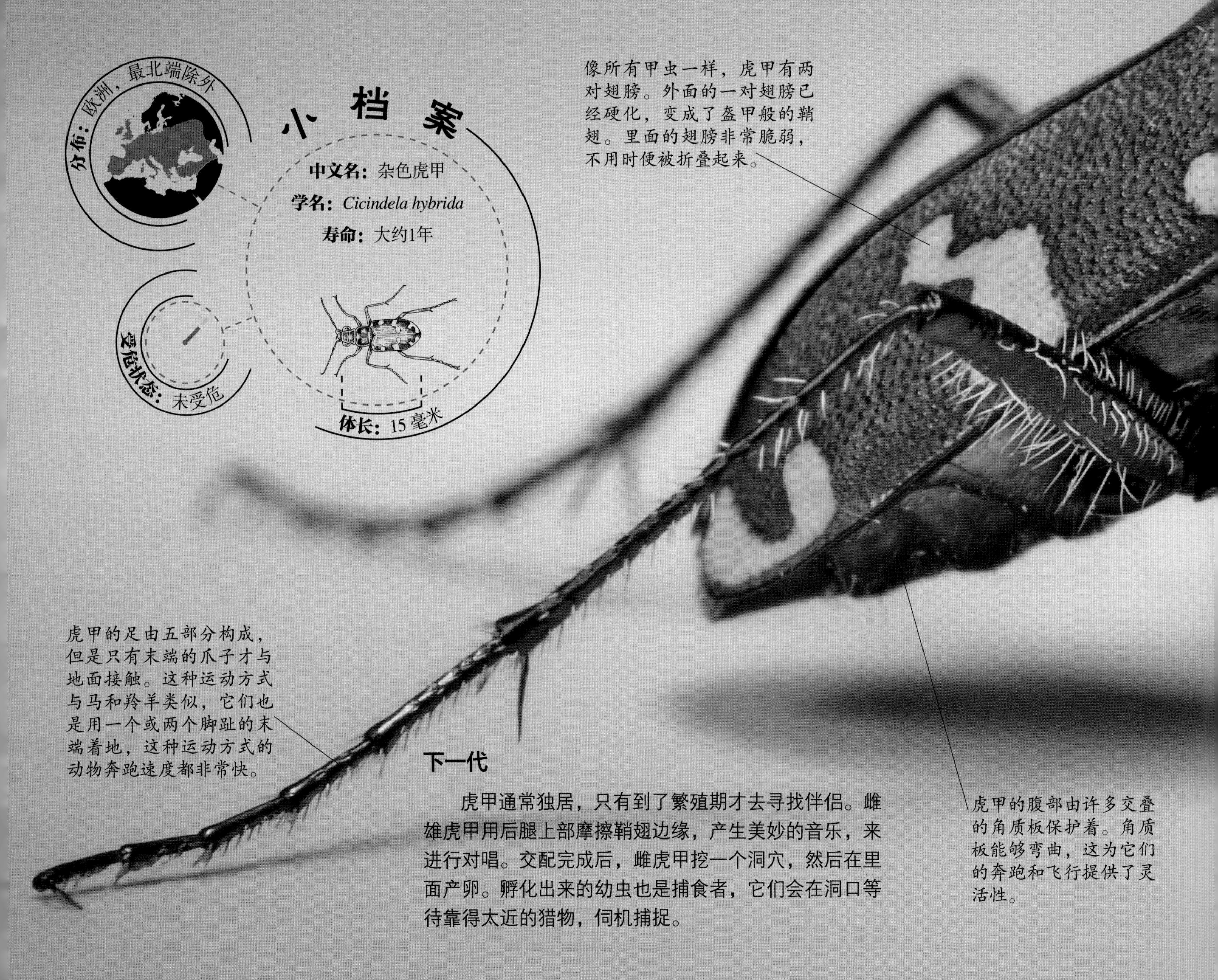

像所有甲虫一样，虎甲有两对翅膀。外面的一对翅膀已经硬化，变成了盔甲般的鞘翅。里面的翅膀非常脆弱，不用时便被折叠起来。

虎甲的足由五部分构成，但是只有末端的爪子才与地面接触。这种运动方式与马和羚羊类似，它们也是用一个或两个脚趾的末端着地，这种运动方式的动物奔跑速度都非常快。

下一代

虎甲通常独居，只有到了繁殖期才去寻找伴侣。雌雄虎甲用后腿上部摩擦鞘翅边缘，产生美妙的音乐，来进行对唱。交配完成后，雌虎甲挖一个洞穴，然后在里面产卵。孵化出来的幼虫也是捕食者，它们会在洞口等待靠得太近的猎物，伺机捕捉。

虎甲的腹部由许多交叠的角质板保护着。角质板能够弯曲，这为它们的奔跑和飞行提供了灵活性。

突然袭击

虎甲居住在沙土中的小洞穴里。它们会耐心地等待，直到有不明就里的受害者从旁经过时，它们便从洞穴中飞快地冲出去，速度可以达到每秒钟2.5米。

天生能跑

只要看一眼虎甲的腿，你就能知道它们是奔跑的高手。把虎甲与猎豹和赛马比较一下，就能发现它们的腿都很长（尽可能加大每一步的距离）、很细（减少重量和风的阻力）。观察一下，你可以看到虎甲用爪子的末端着地，就像是人类的短跑高手用脚尖而不是用脚掌着地一样。

行走的叶虫

这是一片被虫子啃咬过的树叶，边缘已经变成了褐色，在下落的过程中挂在了荆棘之上，是吗？事实上，它根本就不是叶子，而是一种以树叶为食的昆虫。巨叶虫是同类中体型最大的。像其他竹节虫一样，它们还能像微风中的树叶一样轻轻地左右摇摆。这个物种在野外几乎是看不到的。不过，这只幼虫是在我的工作室中长大的，所以拍摄它还是比较容易的。

小档案

分布：马来西亚

中文名：叶虫

学名：*Phyllium giganteum*

寿命：14～15个月

受危状态：未知

体长：12厘米

休息时，叶虫把前腿举过头顶，这时前腿看起来就像是撕破、枯萎的叶茎。

几乎所有的叶虫都是雌性的，它们可以无性繁殖。雌叶虫的触角很短（如图）。雄叶虫非常罕见，它们的触角很长，像毛发一样，用于跟踪雌叶虫。

树叶很少能长时间保持完好无损。因此，叶虫就想办法模仿这种不完美。它们模拟出叶子边缘被啃过或被撕碎的样子，或是叶边缘随时间变成褐色的样子。

隐身的艺术

叶虫属于竹节虫科（*phasmid*），来自拉丁语的“*phasma*”一词，意思是“错觉”。叶虫伪装技艺如此之高超，以至于在自然栖息地，你根本发现不了它们。动物学家把这种隐身术称为“避敌”行为。

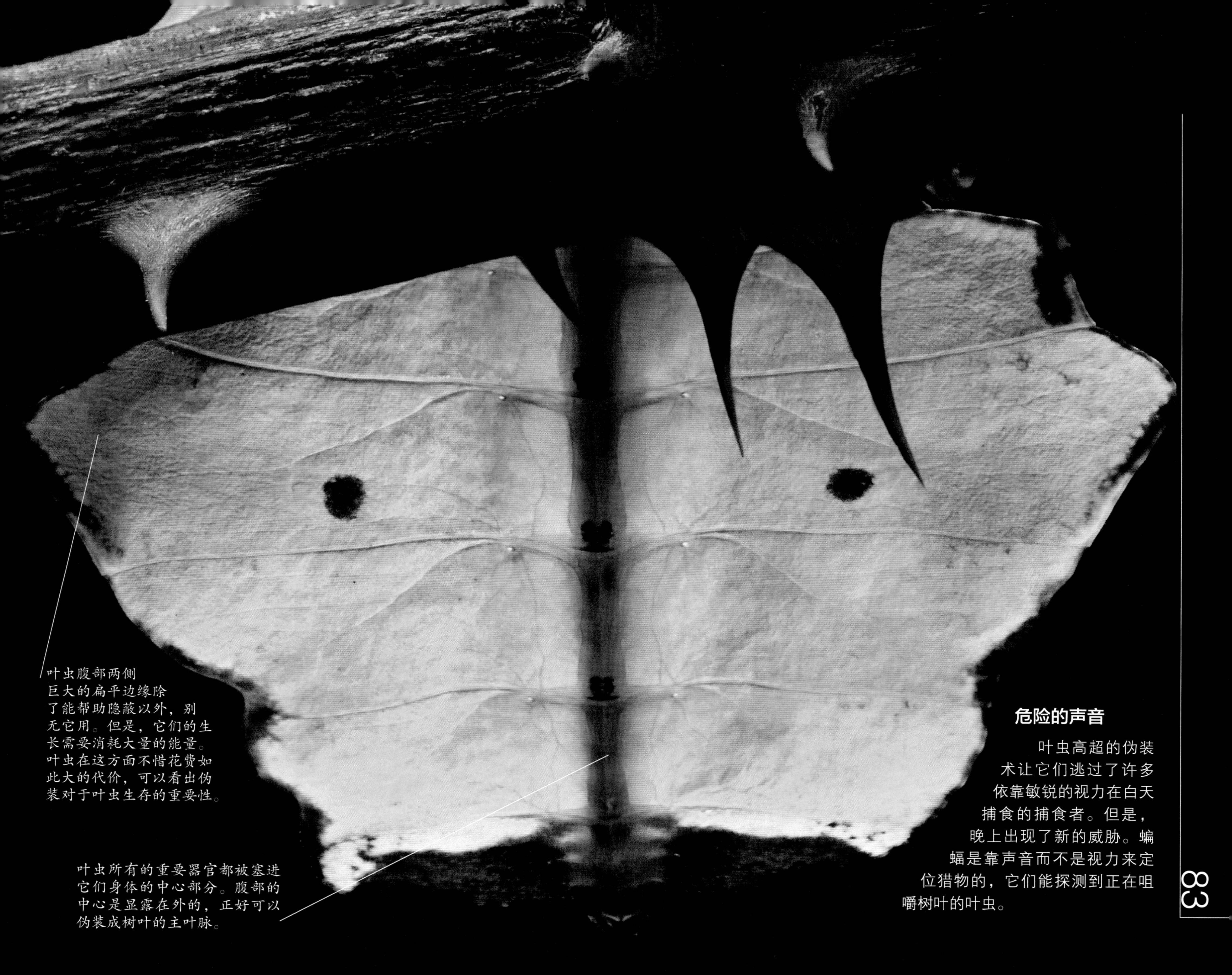

叶虫腹部两侧巨大的扁平边缘除了能帮助隐蔽以外，别无它用。但是，它们的生长需要消耗大量的能量。叶虫在这方面不惜花费如此大的代价，可以看出伪装对于叶虫生存的重要性。

叶虫所有的重要器官都被塞进它们身体的中心部分。腹部的中心是显露在外的，正好可以伪装成树叶的主叶脉。

危险的声音

叶虫高超的伪装术让它们逃过了许多依靠敏锐的视力在白天捕食的捕食者。但是，晚上出现了新的威胁。蝙蝠是靠声音而不是视力来定位猎物的，它们能探测到正在咀嚼树叶的叶虫。

丽蝇的生日

蛹可以说是一个包装界的奇迹。除非亲眼所见，否则你很难相信蛹的里面居然包裹着一只完整的昆虫成虫。观察一只新的成虫在蛹里成长就像是见证奇迹发生一样，我经常乐此不疲。丽蝇无处不在，尤其是在夏季。成虫的寿命是一个月，在此期间，它会产下9000枚卵。卵孵化后形成蛆，它们以腐肉为食，吃上几天便找个干燥的地方变成蛹。这只蛹，我已经留了几周了。当我发现里面有生命活动的迹象时，便拿起了相机。

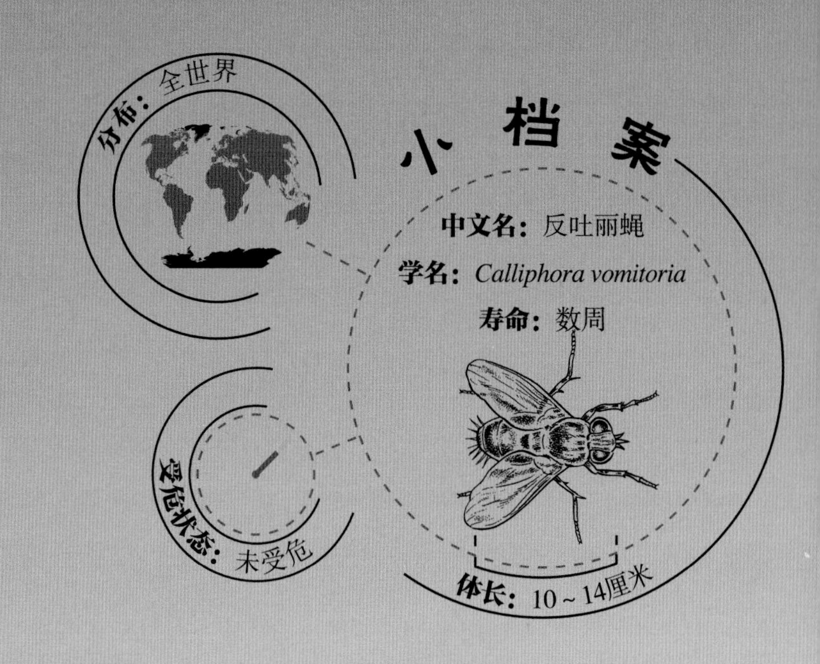

蛹的硬壳实际上是它们从前的皮肤。仔细观察，你还能看见幼虫体节连接处的环呢。

从蛆到苍蝇

在蛹化过程中，除了一些重要的细胞团（成虫盘）之外，蛆的整个身体都在蛹壳内变成液态。成虫的身体就是在这种液体中重组而成的。变态过程需要几周才能完成。不过，这仍然要受温度的影响。如果温度太低，成虫还要在蛹壳内等待天气变暖。

破蛹而出

年轻的丽蝇利用头部一个特殊的器官（额囊）帮它们摆脱蛹壳的束缚。额囊就像气球交替充气和泄气一样产生振动。每次振动都能让它们的身体出来一些。一旦腿自由了，它们便能轻松爬出来。

起床，出发

蜕去蛹壳的过程被称为“羽化”。羽化开始10分钟后，体液被挤入褶皱的翅膀中，让翅膀能够伸展、变直。再经过10分钟，它们的翅膀变硬，丽蝇便做好了飞行的准备。

每个翅膀下面都隐藏着一个非常小的，像鼓槌一样的结构（平衡棒）。平衡棒起稳定作用，朝不同方向摆动，便能控制丽蝇在飞行中的平衡。

生生不息

新生丽蝇在24小时之内就能开始繁殖。交配之后，雌丽蝇会寻找一个合适的育儿场所开始产卵。一块腐肉、一个粪球便是理想场所。它们每次产下约300枚卵。刚孵化出来的蛆在方便的食物来源上猛吃起来。

丽蝇的复眼有大约4000个晶状体，能够看到来自各个方向的危险。

翅膀一旦展开、变硬，丽蝇便能每秒扇动翅膀200次，还能在飞行过程中转动翅膀，调整方向。

回收利用

丽蝇一旦离开蛹壳，气球状的额囊便在特殊肌肉的控制之下收缩回头部。额囊以及控制它的肌肉都已经没有用处了，所以迅速收缩、消失，当初的“建筑”材料在丽蝇的身体中被回收，重新利用。

丽蝇的身体布满具有感觉作用的细毛。细毛能感觉到空气中微小的气流，这样它们就可以在黑暗中飞行了。

丽蝇没有咀嚼肌，只能依靠海绵样的口器吮吸液体食物。它们分泌特殊的唾液，涂在食物上，用脚把食物捣成浆状，然后开始吸食。

金头狮面狨

这种生活在南美洲的灵长类动物面部和颈部拥有漂亮的金黄色鬃毛，难怪它们的属名“*Leontopithecus*”字面意思是“狮猴”。虽然它们的命名和狮子有些关系，但金头狮面狨非常小，小到能轻松地坐在你的手掌之上。实际上，以这种方式考虑它们倒是很恰当：它们的未来就掌握在我们的手中。金头狮面狨生活在巴西海岸边多雾的雨林中。现在，这些栖息地已被砍伐了十分之九。如果再不进行严格的保护，它们就要灭绝了。

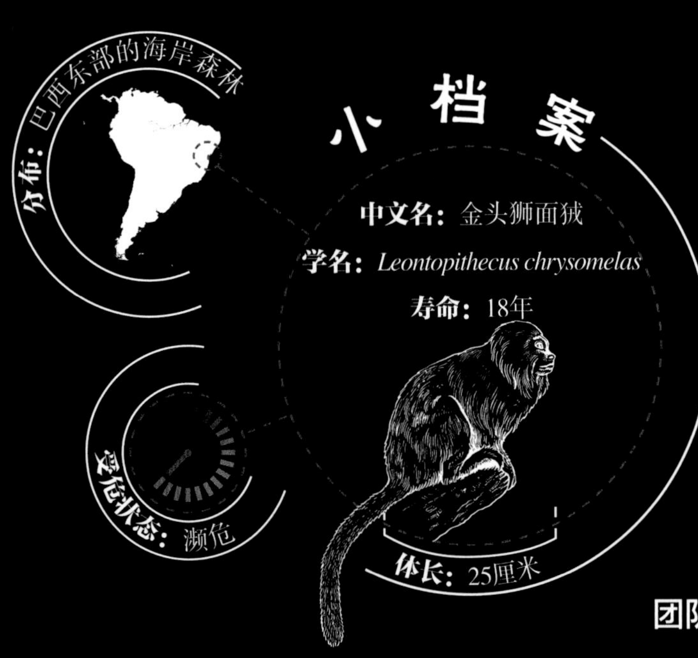

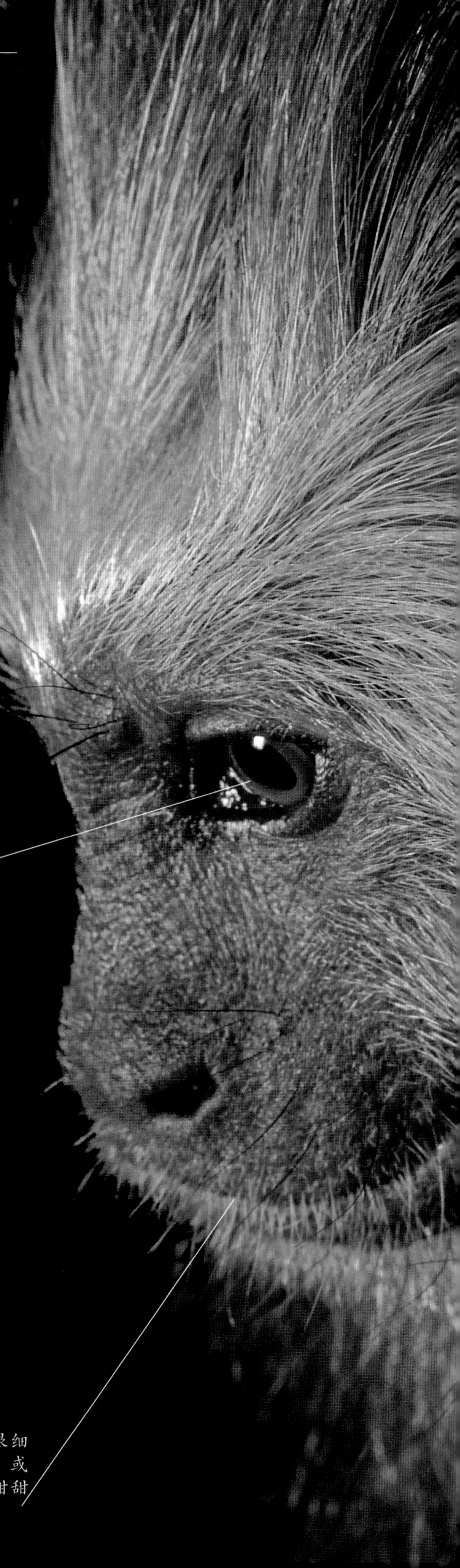

和人类一样，它们的眼睛朝向前方，这让它们能够准确地判断距离。这种技能对于需要在树枝间跳跃的动物来说是非常重要的。

靠指甲来悬挂

金头狮面狨手指末端有爪子一样的指甲，这有助于它们悬挂在树枝和树干上。手的中间两根手指有蹼相连，这让它们能更好地抓住光滑的叶子。不过，攀爬是需要训练的。早期人们尝试把圈养的金头狮面狨放归野外时，就犯了严重错误。被放归的动物不习惯攀爬在风中摇摆的树木，很多都掉下来摔死了。今天，动物园里的圈养环境更加接近自然。圈养的金头狮面狨适应能力更强，放归成功的可能性更大。现在，最主要的问题是找一片远离人类的免遭滥伐的森林。

团队合作

金头狮面狨以家庭为单位生活在一起，家庭关系非常紧密。家庭成员包括一对父母、最小的幼崽和前些年产下的较大的孩子。因为有配偶和其他帮手，所以雌金头狮面狨是仅有的几种能够养育双胞胎的灵长类动物之一。对于其他野生灵长类动物物种（猴子、猿和狐猴）来说，一个孩子已经够麻烦了。

金头狮面狨的牙齿锋利但很细小，适合嚼碎水果和昆虫，或者是咬破树皮，吸食里面甜甜的、营养丰富的树液。

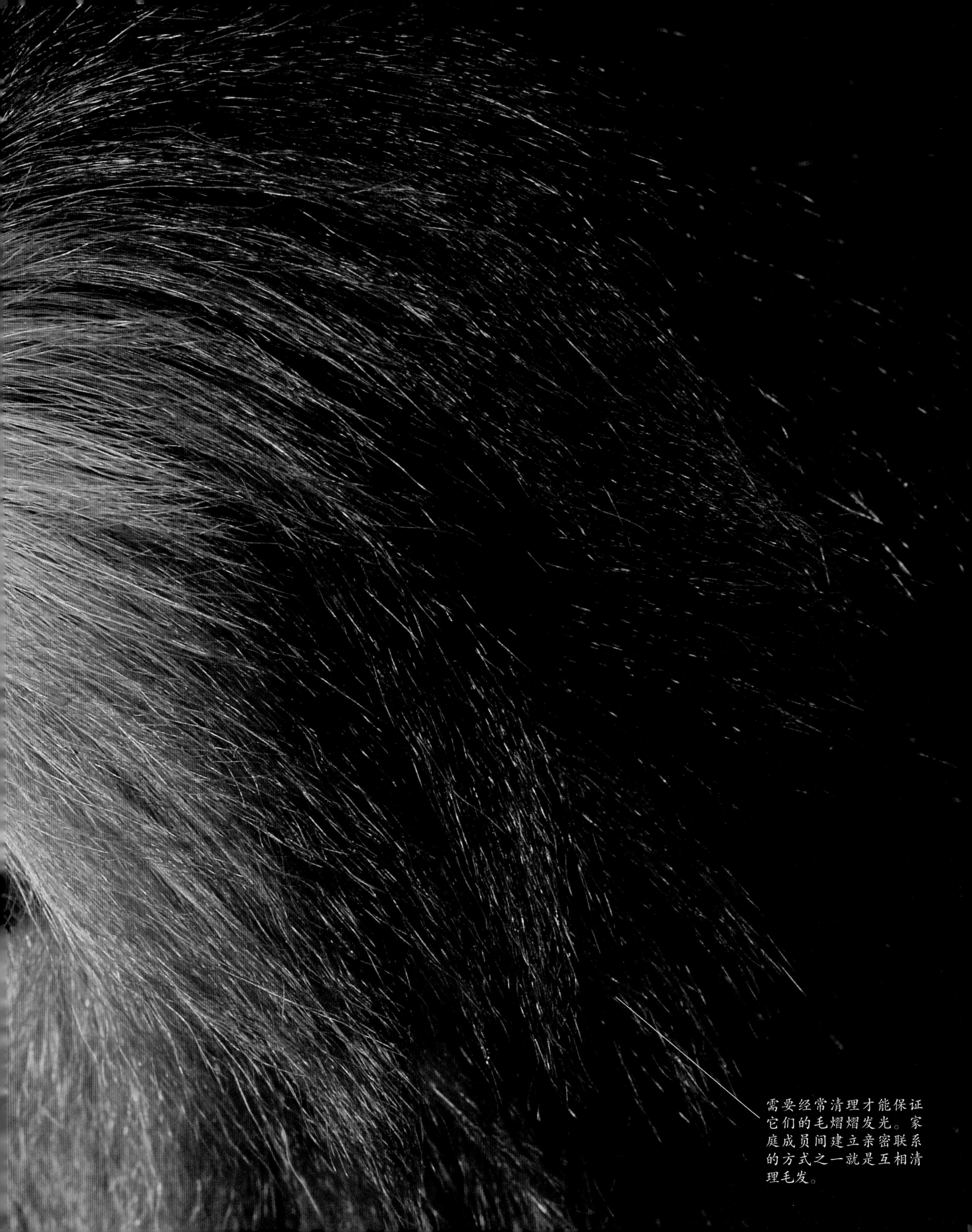

需要经常清理才能保证它们的毛熠熠发光。家庭成员间建立亲密联系的方式之一就是互相清理毛发。

龙虱

第一次接触这种水生掠食性动物是我10岁时，那正是好奇心最强的时候。在一个假日，我去小溪里玩耍。我突然注意到一个长相不俗的生物藏在一块石头下。我决定把它抓住，放到我正在养着蝌蚪的桶里。不过，这只龙虱若虫可和我的想法不一样。我一抓它的尾巴，它就掉过头来，狠狠地咬了我一下。这次痛苦的经历让我知道了它可不是好招惹的。那些蝌蚪算是躲过了一劫。

龙虱长长的、分节的触角具有多种感觉，对接触、温度和气味以及空气和水中的化学物质都很敏感。

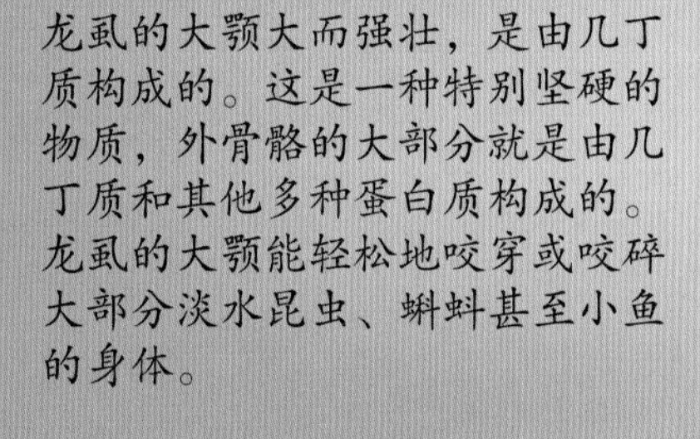
龙虱的大颚大而强壮，是由几丁质构成的。这是一种特别坚硬的物质，外骨骼的大部分就是由几丁质和其他多种蛋白质构成的。龙虱的大颚能轻松地咬穿或咬碎大部分淡水昆虫、蝌蚪甚至小鱼的身体。

它们的复眼很大，在空气和水中都能看得很清楚。

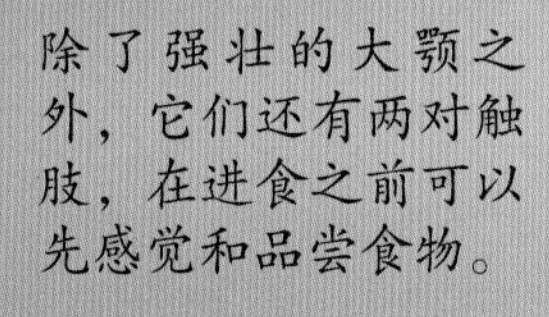
除了强壮的大颚之外，它们还有两对触肢，在进食之前可以先感觉和品尝食物。

一老一少

乍一看，龙虱的若虫和成虫没有什么相似之处。但它们都有分节的身体，长而有力的腿和致命的口器。

生命循环

龙虱的若虫会定期蜕皮。在两个多月中，它们能长到大约6厘米长。然后，若虫便从水里爬出来，躲进水边的淤泥中，在那里，它们变成蛹。初春时，蛹羽化成了带翅膀的成虫。交配之后，雌虫咬破水生植物的茎秆，把卵产在缝隙中。

龙虱腿关节处的锋利的刺能让鱼和青蛙等捕食者望而生畏。但要对付其他的天敌，如具有匕首般喙的鹭，则根本无济于事。

飞向空中

龙虱的成虫不但会游泳，也是飞行高手。离开蛹壳之后，它们可能会飞去多个池塘寻找交配对象和合适的育儿场所。在晚上，龙虱有时会受到灯光的吸引，落在潮湿的马路上、温室大棚上或其他反光的表面，估计是把它们错当成了水面。

龙头螽斯

龙头螽斯有着蓝色的眼睛，红润的脸庞，简直就像一个化了浓妆的老太太。人们对于这个物种的了解还很少。不过，眼前的这只在我的工作室的一个罐子中活得很好，它喜欢吃香蕉，经常用它震耳欲聋的求爱叫声伴我入眠。不幸的是，在人类听来，它们高音调的叫声就如同防盗警报一样刺耳。它们通过摩擦翅膀根部发出鸣叫声。

小 档 案

分布：婆罗洲

中文名： 龙头螽斯

学名： *Eumegalodon blanchardi*

寿命： 几个月

受危状态： 未知

体长： 10厘米

一步接一步

真正的蚱蜢主要依靠跳跃移动，而龙头螽斯则主要依靠走路。动物学家把青蛙、蚱蜢、袋鼠等动物称作“跳跃动物”，而把步行者称为“步行动物”。跳跃动物通常很容易被辨认出来，它们长长的后腿就是标志。

龙头螽斯腿上的刺能够抵御潜在的捕食者，它们肯定吃起来既不方便，也不舒服。

龙头螽斯的听觉器官是位于腿第三节上的一对孔。每个孔都通向一个薄膜，薄膜能感受到声波的震动，就像人类耳中的鼓膜一样。

步伐相当

这个物种与真正的蚱蜢的区别是，它们的后腿比其他的腿长不了多少。当它们需要逃走时，它们也会跳，不过也可能会展开翅膀飞行，以保证万无一失。

巨大的未知数

这种魅力十足的动物只是科学家了解甚少的昆虫之一。至少，它们已经有了名字，我们也知道它们长什么样子。我们已知的昆虫有100多万种。但令人惊奇的是，至少还有同样多的昆虫物种有待我们发现。这个工作还需要未来的探险家和昆虫学者忙碌很长一段时间呢。

远距离情歌

龙头螽斯是领地意识很强的动物。雄性之间尤其势不两立，不能在同一片区域生活。它们大得出奇的求爱叫声能够传播很远，传到一段距离之外的其他领地的雌性那里。准备交配的雌性会作出回应，雄龙头螽斯便会赶过去和它交配。

潜伏的狮子鱼

在长满水草、阳光斑驳的夏威夷礁石浅水区，狮子鱼对于小鱼和其他毫无防备的访客来说是一个隐身的威胁。这个偷偷摸摸的捕食者经常在角落里游荡，繁复的鱼鳍褶边使它们与周围的环境完美地融合在一起。对于那些不小心的猎物来说，危险到来的第一个标志是狮子鱼摇摆而来时带来的水流。不过，这时要想从它们强壮的大嘴下逃生，通常已经太晚了。对人类来说，赤脚划水是件危险事。狮子鱼鳍上的尖刺同时也是防御武器，能给人带来极度痛苦的经历。

狮子鱼带刺的鳍是它们的防御武器。每根刺都如同一支皮下注射器，能刺穿那些和它们有亲密接触的倒霉蛋，注射烈性毒液。

名副其实

狮子鱼的种名是“*sphex*”，它来自希腊语，意思是“胡蜂”，就是因为它们能蜇人。这个物种还被称作“夏威夷蝎鱼”，这个名字也代表着类似的警告。它们的第三个名字是“火鸡鱼”，这是因为它们拥有火鸡羽毛一样精巧复杂的鳍边。

大眼睛表明狮子鱼是依靠视力捕食的动物。它们的眼睛被隐蔽在竖直条纹和触须之下，这二者配合在一起能模拟周围的海藻，让人看不清它们的头部。

狮子鱼并不依靠毒液来捕猎。它们依靠的是高超的伪装技巧来伏击小鱼。攻击通常是以闪电般的速度进行的。它们的大嘴装备着具有感觉功能的触须和小而锋利的牙齿。

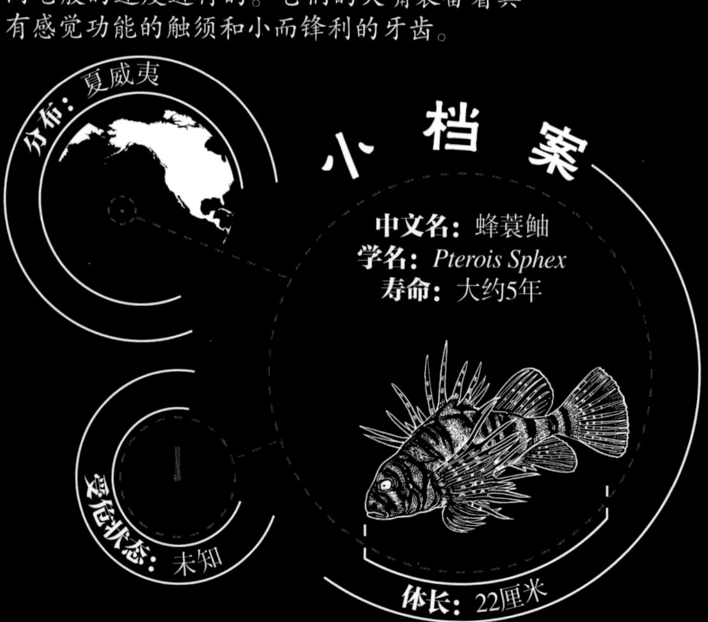

危险的亲戚

蜂蓑鲉的一个近亲是毒鲉（*synanceia horrida*）。这是一种生活在印度洋—西太平洋地区河流入海口附近的石鱼。它们是世界上毒性最强的鱼，被它们蜇过的人有可能在几小时之内就会死去。

狮子鱼扇子般的胸鳍可以帮助围堵猎物，截断它们的逃跑路线，把它们赶回狮子鱼大嘴周围的控制区。

术语表

表皮：生物皮肤的最外层，由细胞产生的物质构成，如富有光泽的蜡质。

变温动物：体温随周围环境而变化的动物。爬行动物、两栖动物、鱼和无脊椎动物是变温动物。

变态：某些动物从幼小形态变成成年形态的过程，如蝌蚪变成青蛙或毛虫变成蛾。

变种：某个植物或动物物种的不同形态。例如，有不同的颜色或不同的羽毛排列方式。

哺乳动物：属于脊椎动物哺乳纲的动物。哺乳动物是温血动物，有毛发，靠雌性腺体中分泌的乳汁哺育后代。

捕食者：捕杀其他动物（猎物）为食的动物。

刺胞动物：属于刺胞动物门的动物，包括水母和珊瑚虫。刺胞动物是非常简单的水生动物，拥有刺细胞和围绕在口旁的触手。

触肢：昆虫口器旁的一对可以移动、分节的附肢，用于感觉、品尝和控制食物。

触手：细长的、摇曳的、能抓握的附肢，常用来捕食。

触角：也被称为“触须”，是昆虫、甲壳纲动物和其他节肢动物头上一对可移动的感觉器官。

超声波：人的耳朵无法听到的高频率声音，但许多动物能听得到。回声定位法利用的叫声就是超声波。

大颚：节肢动物成对的口器，经常发挥钳子一样的作用。

蛋白质：一大类化学物质，含有碳和氮，由生物体产生。有些蛋白质参与身体中重要的化学反应过程，另一些构成身体组织，如毛发和肌肉。

毒素：有毒的物质。动物产生的毒素通常是蛋白质。

毒液：某个动物产生的具有毒性的液体。

动脉：从心脏出发，把血液带到全身的血管。

动物学家：专门研究动物的科学家。

腹部：就昆虫而言，指的是身体中心三部分中的最后一部分。就脊椎动物而言，指的是被称为“肚子”的那部分，里面有胃和肠。

附肢：向外突出的身体部位，通常指有关节的腿、触角和节肢动物的口器。

复眼：由许多晶状体（小眼）构成的眼睛，如许多节肢动物的眼睛。

分贝：测量声音相对响度的单位。

浮游生物：漂浮在湖泊或海洋中的微小的生物，大部分只有在显微镜下才可以被看到，包括藻类、无脊椎动物和鱼类的幼体。

繁殖：产生后代的过程。繁殖可以是有性的（涉及交配和亲本基因的混合），也可以是无性的（没有交配和混合过程）。

感受器：能够感觉环境输入的信息，并作出反应的一个或一组细胞。输入的信息包括接触、热量、光线、声音或化学物质等。皮肤或眼、耳等感觉器官都有感受器。

骨骼：支撑动物身体，为肌肉提供附着的骨头或其他坚硬部分构成的框架。

环境：生物生活的周边条件。

环境保护：对自然的保护。

回声定位：通过倾听物体反射回的声波判定物体位置的方式。蝙蝠和海豚能够使用这种方式。

呼吸：吸入氧气，排出二氧化碳的过程。也可以指每个生物细胞中所发生的，在氧气帮助之下，分解食物分子，为机体提供能量的化学反应。

节肢动物：一类无脊椎动物，例如苍蝇或螃蟹等，属于节肢动物门。它们身体分节，有分节的腿和外骨骼。

几丁质：一种结构性碳水化合物。是许多昆虫、甲壳纲动物和其他节肢动物外骨骼的主要成分。

脊索动物：属于脊索动物门的动物。在生命的某个阶段，它们的身体由一个被称为“脊索”的杆支撑。大部分脊索动物同时也是脊椎动物。

甲壳纲动物：属于节肢动物门的一类动物，包括土鳖、螃蟹、虾等。大部分甲壳纲动物都是水生的，拥有坚硬的外壳和两对触须。

棘皮动物：属于棘皮动物门的动物。它们是皮肤带刺的海洋无脊椎动物，如海胆和海星。

静脉：把血液送回心脏的血管。

脊椎动物：有脊椎骨的动物。

进化：生物在几百万年间所发生的变化。

基因：细胞中的遗传指令，能控制生物的发育和发挥功能的方式。动物与它们的父母有相似之

这只甲虫分节的腿和坚硬的外壳说明它是节肢动物。

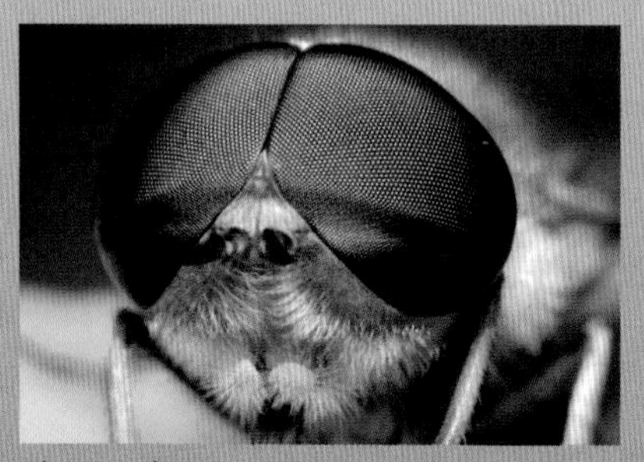

苍蝇的复眼由几百个晶状体构成。

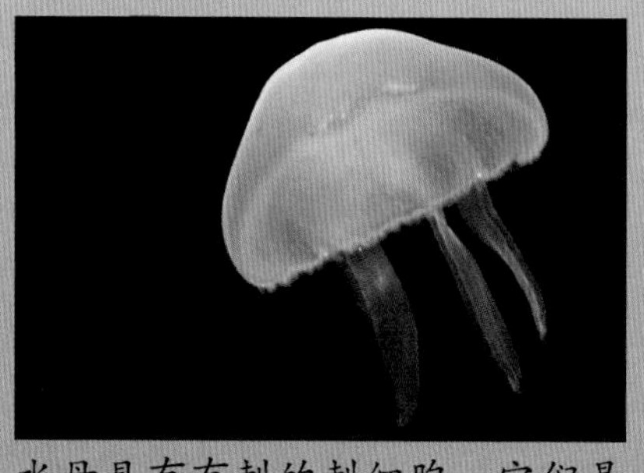

水母具有有刺的刺细胞，它们是刺胞动物。

懒猴是夜行动物。

处就是因为继承了它们的基因。

角蛋白：毛发、羽毛、鳞片、爪子、角等含有的坚硬的结构蛋白。

寄生物：一种生活在其他生物（宿主）身上或体内，并从它们那里获得营养或庇护的生物。寄生物能获得好处，但宿主通常遭受痛苦。

精子：雄性的繁殖细胞，它会寻找雌性的卵细胞并与之结合，形成受精卵。

蝌蚪：两栖动物（尤其青蛙和蟾蜍）的幼体阶段。蝌蚪会逐渐发育为能呼吸空气的成体。

两栖动物：一类脊椎动物，属于两栖纲。两栖动物生命开始于水中的幼体（通常被称作“蝌蚪”）。但是成熟后，它们能够呼吸空气，至少有一部分时间在陆地上生活。

卵：雌性动物产生的繁殖细胞，可以与雄性动物的精子结合在一起产生新个体。

猎物：被另一种动物（捕食者）杀死、吃掉的动物。

龄虫期：节肢动物生命早期，蜕皮之间的阶段。

灵长类动物：属于灵长目的哺乳动物，如懒猴、猴子和猿类（包括人）。所有灵长类动物的眼睛都向前看，有能抓握的手。

颅骨：保护脊椎动物的大脑，愈合在一起的头部骨头。

领地：某个动物的栖息地的一部分，需要它来保卫，不受同一物种中竞争者的侵犯。

灭绝：完全、永远的消失。灭绝的生物不再拥有活着的个体，永远消失了。

门：动物界之下最高的分类。例如节肢动物门。可以依次再细分为纲、目、科、属、种。

尿：一种含有动物代谢过程中产生的废物的液体。由肾产生，通过排尿排出体外。

拟态：模仿某个东西，如小树枝、树叶等，目的是为了帮助伪装，或者是为了防御而模仿凶猛、有毒的动物。

啮齿动物：沙鼠、松鼠、家鼠和其他属于啮齿目的哺乳动物，它们有专门用于啃咬的前牙。

频率：一种测量声波的单位，频率高的声音音调高。

爬行动物：属于爬行动物纲的脊椎动物。爬行动物是变温动物，皮肤上有鳞片。蛇、蜥蜴、乌龟和鳄鱼等都是爬行动物。

群体：密切生活在一起的一群动物，通常相互依赖。

求爱：以追求交配为目标的行为，包括舞蹈、歌唱、奉献食物和其他表现方式。

鞘翅：某些昆虫前面的一对翅膀形成坚硬的外壳，保护着用于飞行的较为脆弱的第二对翅膀。

栖息地：动物和植物的自然家园。

清洁：清理和照看皮肤、羽毛和皮毛等。

蛆：苍蝇无腿的幼体。

迁徙：动物为了寻找觅食地或繁殖地而定期进行的回归旅行，通常是每年一次。

器官：由几种组织构成的身体结构，执行某一任务。例如，心脏就是一个器官，由心肌和神经组织构成，执行把血液输送至全身这一任务。

气孔：节肢动物身上微小的开口，用于呼吸作用。

适应：生物进化的过程。在此过程中，生物变得越来越适应生活环境。也可以指由此过程产生的某种特征。

食肉动物：专门吃肉的动物。

受精：雌雄生殖细胞（对动物而言，指的是精子和卵子）结合产生新个体的过程。

软体动物：属于软体动物门的无脊椎动物。软体动物身体柔软，肌肉发达，常有硬壳。蜗牛、蛤、鼻涕虫、鱿鱼等都是软体动物。

若虫：某些昆虫的一个生命阶段。若虫与成虫外表相似，因此只需要不完全变态，没有化蛹这个阶段。

鳃：鱼和其他水生动物从水中获取氧气的器官。

神经：将电信号传递至动物全身的纤维。如果该动物有大脑的话，通常是进出大脑的信号途径。

生物：有生命的有机体，如动物、植物、真菌和细菌。

色素：产生颜色的化学物质。

视网膜：眼睛背部一层能感光的膜。在那里，感受细胞收集视觉信息，并通过视神经把它们输送至大脑。

蜕皮：在节肢动物中，是指脱掉整个外骨骼，继续生长。

雄胡锦鸟鲜艳的颜色向雌鸟表明它们很健康。

变色龙在爬行过程中利用它们善于抓握的尾巴抓住树枝。

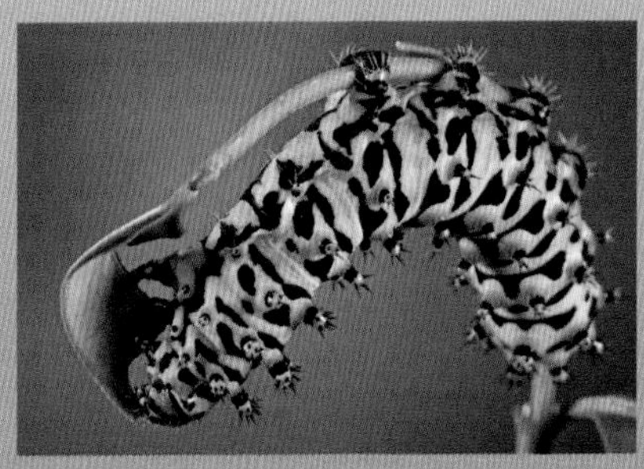

毛虫的身体由多个重复的体节构成。

蝎子利用尾巴末端粗大的毒针注射毒液来保卫自己。

瞳孔：动物眼睛前方圆形或条形的孔。通过放宽或收窄瞳孔，可以控制进入眼睛的光线的量。

唾液：口内腺体产生的液体，能帮助咀嚼和吞咽。唾液中包含一些化学物质，可以帮助消化。在某些动物的唾液中，也包含一些能够杀死或麻痹猎物的毒素。

体节：环节动物等身上重复出现的单元。

温血动物：无论身处的环境是冷还是热，都能够通过体内的化学反应使体温保持恒定的动物。所有的哺乳动物和鸟类都是温血动物。

伪装：帮助动物与周围环境融为一体的隐蔽方法。

外骨骼：覆盖、支撑和保护某些无脊椎动物的外层骨骼，尤其见于节肢动物身上。

无脊椎动物：没有脊椎的动物。

伪瞳孔：某些昆虫复眼中形成的像瞳孔一样的结构。

物种：生物最基本的分类单位。同一物种的成员外形相同，能够在一起繁殖后代。不同物种之间不能进行繁殖。

细胞：构成生物的最小单位，由细胞核、围绕周围的细胞质、外被的细胞膜构成。细胞是生命的构成单位。

循环：重要物质（尤其指血液）在全身的流动。

消化：食物分解成小分子物质，然后被动物身体吸收和利用的过程。

腺体：产生和释放某些化学物质，如荷尔蒙、乳汁和汗液等的器官。

须肢：蜘蛛或蝎子口旁边一对像腿一样的附肢，用来感知和控制食物，攻击猎物或帮助交配。

信息素：动物释放的化学物质，用于彼此间的交流。例如，在路线上做标记，警告对手或入侵者，吸引配偶。

胸：在脊椎动物中，指脖子和腹部之间的部分。在节肢动物中，指长有行走的腿的身体中心部分，如果它们有翅膀的话，也长在胸部。

血管：动物输送血液至全身的管道。主要有三种——相对较大的动脉和静脉，还有细小的毛细血管。

幼虫：昆虫的幼体，也被称作毛虫。

幼体：动物与父辈长相不同的早期阶段。毛虫、蛆、若虫、浮浪幼体、蝌蚪等都属于幼体。

夜行动物：夜间活跃的动物。

育儿场所：幼小动物被养育的地方。

氧气：一种气体，空气中存在，也溶于水中。被生物用于呼吸。

有害动物：能对人类造成损害的动物。例如，破坏庄稼、危害牲畜或传播疾病。

羽毛：鸟类体外覆盖的角质化产物。

蛹：某些昆虫介于幼虫和成虫之间的生命阶段，在此阶段，它们通常没有移动能力。经过这一阶段，幼虫会变态为成虫。幼虫进入此阶段的过程，人们称之为“化蛹”。

种群：栖息在某一地区的某一物种的全体成员。

蛛形纲动物：蜘蛛、蝎子和其他来自节肢动物门蛛形纲的动物。此纲动物有四对行走的腿和进食用的附肢，被称为“须肢”和“螯肢”。

紫外光：波长比可见的蓝光还要短的光。某些动物能看到，但人类看不到。

致 谢

Dorling Kindersley would like to thank Laurie Sherwood and the keepers at ZSL for facilitating Igor's zoo shoot; Rob Houston, Claire Nottage, and Lisa Stock for editorial assistance; David Ball for design assistance; Hilary Bird for the index.

The publisher would like to thank the following for their kind permission to reproduce their photographs:

(Key: a-above; b-below/bottom; c-centre; f-far; l-left; r-right; t-top)

DK Images: Zoological Society of London 2cl, 3fcl, 6c, 7tl, 8bl, 8cl, 9bc, 9c, 14-15, 20-21, 36-37, 40-41, 44-45, 45bc, 86-87, 94fbr. Science Photo Library: Patrick Lynch 9tr. Igor Siwanowicz: 1cr, 1fcl, 1fcr, 2cr, 2fcl, 2fcr, 3cl, 3cr, 3fcr, 5clb, 5fclb, 6bl, 7b, 7tr, 8bc, 8br, 9bl, 9cr, 10bl, 10br, 10cr, 10-11, 11br, 11c, 12-13, 16-17, 18-19, 22tl, 22-23, 26-27, 27tl, 27tr, 28-29, 29cr, 30-31, 34-35, 38-39, 42-43, 46-47, 48-49, 50-51, 52bl, 52-53, 54-55, 58-59, 59br, 60-61, 62-63, 64-65, 66-67, 68-69, 72-73, 73br, 73cr, 73tr, 74-75, 76-77, 78-79, 80-81, 82-83, 84bc, 84bl, 84-85, 88bl, 88-89, 90clb, 90-91, 94bl, 94br, 94fbl, 95bl, 95br, 95fbr, 96br. Anna and Jakub Urbanski: 11tr.

For further information see: www.dkimages.com

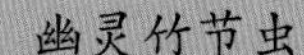
幽灵竹节虫